"十三五"高等职业教育计算机类专业规划教材

物联网应用技术概论

谭方勇　臧燕翔　主　编

关　辉　副主编

李　璐　刘　刚

沈萍萍　葛周敏　参　编

中国铁道出版社有限公司

CHINA RAILWAY PUBLISHING HOUSE CO., LTD.

内 容 简 介

本书参考物联网应用技术人才培养方案,针对物联网应用技术专业人才培养所需要的技术(职业)领域所总结的典型工作任务来组织全书的内容体系。根据要完成每个典型工作任务的工作过程中所需的知识或技能来设计每个章节的内容。本书内容涵盖了物联网的特征及体系结构、物联网底层感知技术、通信技术、嵌入式开发技术、云计算及大数据处理技术、物联网安全技术等,最后对当前最新的典型物联网应用进行了分析。

全书围绕物联网体系结构的"感知、传输、处理、应用"四个层次,结合当前物联网的典型应用展开教学与实践,通过以认知物联网典型的应用系统为背景,逐层引入该系统中的物联网的底层感知设备、传输网络、中间数据处理环节以及上层应用系统中所涉及的物联网相关的理论知识。本书将最新的企业应用案例进行了教学化设计,知识适度、技能点突出、案例丰富,并辅助以二维码等方式来拓展学生学习的知识面。本书还配有课后习题。

本书适合作为高等职业院校物联网专业或相近专业的教材,也可作为物联网技术研究与产品开发人员的参考书。

图书在版编目(CIP)数据

物联网应用技术概论/谭方勇,臧燕翔主编. —北京:
中国铁道出版社,2019.1(2023.2重印)
"十三五"高等职业教育计算机类专业规划教材
ISBN 978-7-113-25412-4

Ⅰ.①物… Ⅱ.①谭… ②臧… Ⅲ.①互联网络-应用-高等职业教育-教材②智能技术-应用-高等职业教育-教材 Ⅳ.①TP393.4②TP18

中国版本图书馆CIP数据核字(2019)第018868号

书　　名：物联网应用技术概论
作　　者：谭方勇　臧燕翔

策　　划：翟玉峰　　　　　　　　　　　　　　编辑部电话：(010)83517321
责任编辑：翟玉峰　贾淑媛
封面设计：付　巍
封面制作：刘　颖
责任校对：张玉华
责任印制：樊启鹏

出版发行：中国铁道出版社有限公司(100054,北京市西城区右安门西街8号)
网　　址：http://www.tdpress.com/51eds/
印　　刷：番茄云印刷(沧州)有限公司
版　　次：2019年1月第1版　　2023年2月第7次印刷
开　　本：850 mm×1 168 mm　1/16　印张:11.5　字数:272千
印　　数:9 501～11 500册
书　　号:ISBN 978-7-113-25412-4
定　　价:34.00元

版权所有　侵权必究

凡购买铁道版图书,如有印制质量问题,请与本社教材图书营销部联系调换。电话:(010)63550836
打击盗版举报电话:(010)63549461

从 1991 年美国麻省理工学院（MIT）的 Kevin Ashton 教授首次提出物联网的概念以来，物联网技术在计算机、通信、云计算以及人工智能等技术飞速发展的背景下，不断地融入这些新的技术。高智能的感知终端、万物全连接的通信、海量数据的存储都是物联网进一步发展的趋势，人类也将进入万物互联 Internet of Everything（IoE）的新时代。

本书参考物联网应用技术人才培养的方案，针对物联网应用技术专业人才培养所需要的技术（职业）领域所总结的典型工作任务来组织全书的内容体系。根据要完成每个典型工作任务的工作过程中所需的知识或技能来设计每个章节的内容。每章的最后都安排了相关物联网关键技术的认知实践，来加深学习者对该章相关物联网技术知识的理解，同时辅助以习题练习加以强化。参考学时为 48 学时。本书共分为 8 章，分别是第 1 章绪论、第 2 章物联网初识、第 3 章物联网感知技术、第 4 章物联网通信技术、第 5 章嵌入式系统技术、第 6 章物联网数据处理技术、第 7 章物联网安全技术、第 8 章物联网应用。本书由苏州市职业大学谭方勇、中国电信苏州分公司臧燕翔担任主编，苏州市职业大学关辉担任副主编，苏州市职业大学李璐、刘刚、沈萍萍和中国电信苏州分公司葛周敏参与编写。本书由主编确定编写思路并制定了本书的内容体系和编写大纲，最后由谭方勇负责统稿和校对。

本书第一主编长期从事物联网及网络技术的教学，并主笔编写了全国物联网应用技术专业及课程规范 2.0，具有丰富的专业建设和教学经验。本书编写团队其他成员关辉、沈萍萍、李璐、刘刚也都长期从事物联网相关技术的课程教学，积累了大量的经验和教学素材，为本书的完成奠定了坚实的基础，另外，在编写过程中还得到了中国电信苏州分公司物联网中心的技术总监葛周敏的建议和帮助，并提供了相关的案例素材，也得到了北京京胜世纪科技有限公司的王喜胜总经理的帮助，提供了物联网虚拟仿真实训平台及相关资料，这为本书的顺利完稿提供了很大的帮助，在此一并表示感谢。

　　本书可以作为高等职业院校相关专业的教材和参考书，也适合物联网系统相关的运维管理员、物联网工程技术人员以及广大物联网技术爱好者阅读和参考。

　　由于编者的技术水平有限，书中难免存在不妥之处，敬请各位读者批评指正。

编　者

2018 年 10 月

CONTENTS 目 录

目 录 CONTENTS

CONTENTS 目 录

目　录　CONTENTS

目 录 CONTENTS

第 1 章

概　　论

1.1.1　概述

　　物联网技术是一项融合计算机、电子、通信、控制以及软件等多种技术于一体的综合性技术，近年来，随着物联网产业的飞速发展，越来越多的行业开始应用物联网技术来提高生产效率，改善人们的生活质量。2015 年，麦肯锡权威报告认为，在未来的 10 年内，最具经济影响性的技术应该是那些已经取得良好进展的技术，例如已经在发达国家普及并在新兴国家蓬勃发展的移动互联网、知识工作自动化、物联网、云计算等技术。如图 1-1 所示，预计到 2025 年可能最具影响力的 12 大颠覆性技术中，物联网技术排在第三位。

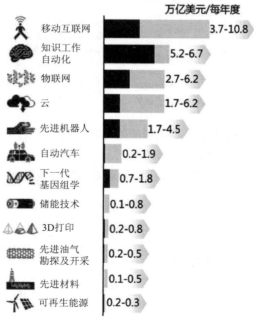

图 1-1　未来 12 大颠覆性技术

目前，中国已将"物联网"明确列入《国家中长期科学技术发展规划（2006—2020年）》和2050年国家产业路线图。国家发展战略为我国物联网的发展提供了强大的契机和推动力。

《中国物联网白皮书》相关数据显示，无线传感器网络产业规模高速增长，在2015年已达到200亿元市场规模。同样，一份来自于工业与信息化部的资料显示，我国物联网产业规模正在快速增长，国内市场对物联网相关产品的需求增长明显。物联网将成为继互联网之后的又一高科技市场，市场前景十分广阔。物联网产业重点领域包括智能交通、智能物流、智能电网、智能医疗、智能工业、智能农业、环境监控与灾害预警、智能家居、公共安全、社会公共事业、金融与服务业、智慧城市、国防与军事等。

由此可见，物联网技术对社会各行业的影响也将越来越大，社会对物联网技术的专业人才需求也将越来越旺盛，为了顺应形势的发展，国家教育部2011年就将"物联网工程"专业作为高等学校战略性新兴产业的本科专业，2012年，同意在高职院校中设立"物联网应用技术"专业。这也为我国物联网产业的发展提供了强有力的动力来源。

1.1.2 物联网应用技术专业职业技术领域分析

通过近年来各高职院校、企业及政府对市场的调研和教学实践，物联网应用技术专业的专业及课程规范已经基本完成，确定了本专业的培养目标、主干技术及职业技术领域、专业核心能力以及就业面向等方面的主要内容，如表1-1所示。物联网应用技术专业人才毕业后将面向三个主要职业技术应用领域，即物联网应用系统集成、物联网应用系统开发与测试、物联网应用系统运营维护。

表1-1 物联网应用技术专业职业技术领域分析表

培 养 目 标	主干技术、职业应用领域	专业核心能力	就 业 面 向
培养德、智、体诸方面全面发展，掌握物联网相关的计算机、传感器、RFID以及物联网终端的基本知识、技能和方法，能胜任物联网系统工程设计与实施、物联网相关设备的安装部署、物联网应用系统的运行与维护及相关企业的产品营销、技术服务与设备运维等工作的高素质技能型专门人才	（1）物联网应用系统集成 （2）物联网应用系统开发与测试 （3）物联网应用系统运营维护	（1）物联网应用系统的硬件设备安装、调试与部署能力、物联网网络规划与设计能力 （2）物联网应用软件开发能力 （3）物联网应用系统运行故障分析与检测能力	物联网应用开发程序员、物联网系统助理工程师、物联网设备运维技术员、物联网运营服务技术员、物联网产品售前与售后工程师

根据对本专业主要面向的技术、职业领域的分析，得出了适应该职业技术领域所需要的专业核心能力以及主要的就业面向的职业岗位。

在三个技术（职业）领域中，对应了主要的职业工作以及职业岗位，如表1-2所示。

表1-2 技术（职业）领域对应的职业工作及岗位

序　号	技术（职业）领域	职业工作	职业岗位
1	物联网应用系统集成	物联网系统的工程实施与维护、物联网设备的管理与维护	物联网系统集成助理工程师、物联网系统管理员、物联网设备运维技术员
2	物联网应用系统开发与测试	物联网应用软件的开发、软件测试	物联网应用开发程序员、物联网应用软件测试员
3	物联网应用系统运营维护	物联网应用系统的管理与维护、物联网产品的售前售后服务	物联网运营服务技术员、物联网产品售前与售后工程师

对于职业岗位标准的工作要求如表 1-3 所示。

表 1-3　职业岗位标准的工作要求

序号	职业标准	工 作 要 求	工作要求汇总
1	物联网系统集成助理工程师	知识： (1) 具备 RFID 技术、传感器技术、无线网络技术、物联网工程项目规范等知识； (2) 具备物联网系统工程项目组织、管理与实施等知识； (3) 具备物联网系统行业规范、标准等知识。 能力： (1) 能够认识物联网系统工程的规划、设备选型、工程施工、系统测试和运行管理全过程。 (2) 能够辅助完成工程需求分析、网络工程分析与规划。 (3) 能够完成物联网综合布线系统设计、实施、验收和认证测试。 (4) 能够辅助完成中小物联网系统的项目标书。 素质： 　具有勇于创新、敬业的工作作风；具有良好的职业道德和较强的工作责任心。 综合工作任务： 　熟练运用物联网工程项目规范和标准、正确运用 RFID、传感器等设备的技术指标进行物联网系统工程的分析和规划、设计、实施以及验收和认证测试等工作	知识： 　具有信息技术、日常 Office 文档处理、项目管理、招投标等基本知识。 　具有 C 语言程序设计基本知识，具有 C#、Java、JavaScript+CSS3 (HTML5) 等高级程序设计语言知识。 　具有移动互联、Android 等基本知识。 　具有嵌入式 Linux 操作系统基本知识。 　具备 HTML5 Web 跨平台基本知识。 　具有网络互联技术基本知识。 　具有电子商务、市场调研、售前售后服务知识
2	物联网系统管理员	知识： (1) 具备物联网系统硬件设备、应用软件、通信协议的基本知识； (2) 具备物联网系统的运行测试以及故障诊断的知识； (3) 具备物联网系统管理的知识。 能力： (1) 能够认知各种物联网设备产品的性能和相关参数，并能为网络设备的选型提供参考依据； (2) 能够配置 RFID、传感器、智能终端等主要物联网设备； (3) 能够在物联网系统环境下调试 RFID、传感器、智能终端等设备； (4) 能够分析物联网设备运行过程中的错误信息，并能排除网络故障。 素质： 　安全、节能和环境保护意识，具有勇于创新、敬业的工作作风；具有良好的职业道德和较强的工作责任心。 综合工作任务： 　熟练配置和调试 RFID、传感器、智能终端等设备，保证物联网系统的稳定、可靠运行，解决系统运行过程中出现的软硬件故障	
3	物联网设备运维技术员	知识： (1) 具备典型物联网应用系统的行业背景知识； (2) 具备物联网应用系统软件运行维护的知识； (3) 具备物联网应用系统硬件运行维护的知识； (4) 具备物联网应用系统数据维护知识。 能力： (1) 能够实现物联网应用系统的管控，实现有效的安全防护与管理； (2) 能够实现对物联网应用系统采集数据的有效控制； (3) 能够对物联网应用系统硬件进行监管维护。 素质： 　安全、节能和环境保护意识，具有勇于创新、敬业的工作作风；具有良好的职业道德和较强的工作责任心。 综合工作任务： 　熟练运用物联网应用系统运维知识，有效管理物联网应用系统采集的数据，解决系统运行时的软硬件问题	

序号	职业标准	工作要求	工作要求汇总
4	物联网应用开发程序员	**知识：** (1) 具备程序设计基本知识； (2) 具备 C#、Java、JavaScript+CSS3（HTML5）等高级程序编程知识； (3) 具备 Android 等移动程序开发编程知识。 **能力：** (1) 能利用 C#、Java、JavaScript+CSS3（HTML5）等语言进行物联网上位机程序的开发； (2) 能利用 Android 等语言进行移动应用程序开发和 HTML5 Web 跨平台开发； (3) 了解 Modbus 国际标准通信协议，利用 TCP/IP Modbus 协调网关实现工业物联，与 PLC、变频器以及具备 RS485 接口的工业成品组网，同时具备非标准接口协议开发能力。 **素质：** 具备较强的沟通协调能力和团队合作意识；具有良好的职业道德和较强的工作责任心。 **综合工作任务：** 熟练运用编程知识，并根据物联网应用系统项目需求进行程序设计，以及程序功能模块的开发	**能力：** 能辅助物联网系统工程项目的规划、设计、实施和验收。 能对物联网应用系统进行有效管理，包括系统硬件、软件、数据等。 能对物联网应用系统的运行进行监管，保证系统的稳定可靠运行。 能进行典型物联网应用程序的开发。包括上位机以及移动端的程序开发。 能对物联网应用程序进行测试。 能根据企业业务特点选择信息平台，初步搭建企业电子商务框架。 能对物联网系统和产品进行售前的技术交流服务、制定项目方案，配合完成招投标工作。 能对物联网系统和产品售后进行技术支持
5	物联网应用软件测试员	**知识：** (1) 熟知软件测试的流程和方法； (2) 具备软件测试工具的基本知识。 **能力：** (1) 能够使用软件测试方法设计物联网应用程序测试用例； (2) 能使用小型的测试工具进行单元测试、压力测试等； (3) 能编写各种测试文档。 **素质：** 具备良好的逻辑思维能力和良好的团队合作能力，具有良好的自我学习和管理能力，具有严谨、细致的工作作风和工作态度。 **综合工作任务：** 使用编程语言实现物联网应用系统、网站及其他应用软件的技能，具备使用软件工程方法开发软件的能力，能够撰写软件需求、设计及测试技术文档，能设计和管理小型数据库	
6	物联网运营服务技术员	**知识：** (1) 具有物联网技术、信息技术、数据库技术、计算机、物联网应用软件开发等基本知识； (2) 具有电子商务、电商运营、电商平台运维、网络推广等基本知识； (3) 日常办公设备及办公软件使用。 **能力：** 具备了解网站主流布局、结构规划功能等方面的能力；拥有数据分析、监测统计的能力。 **素质：** 具备敏锐的观察比较能力和组织策划方案的能力。 **综合工作任务：** (1) 能够列举优秀网络信息、交易平台，并根据企业业务特点选择信息平台，初步搭建企业电子商务框架。 (2) 能够运用电商运营战略进行平台的运营	

续表

序号	职业标准	工作要求	工作要求汇总
7	物联网产品售前工程师	知识： （1）具有典型物联网产品性能及技术参数知识； （2）具有产品营销知识； （3）具有物联网应用的行业背景知识； （4）具有物联网硬件、软件等的基本知识。 （5）具有项目管理体系知识。 能力： （1）能与用户进行技术交流，完成技术方案编写、技术方案宣讲等；配合公司销售人员完成相应项目的投标。标书的技术应答、系统软硬件配置 / 公开报价、讲标答标等； （2）对特定项目、行业、市场、用户需求、竞争对手等方面定期提出分析报告，为公司的市场方向、产品研发和软件开发等提供建议； （3）能熟练制作各类 Office 文档。 素质： 　具备创新能力和团队协作创新能力，组织策划方案的能力。 综合工作任务： 　负责与客户进行售前技术交流，完成技术方案的编写；配合公司销售完成项目投标；完成产品的市场分析报告等	素质： 安全、节能和环境保护意识，具有勇于创新、敬业的工作作风；具有良好的职业道德和较强的工作责任心 综合工作任务： 物联网系统项目建设、系统管理、系统维护，物联网应用程序开发、应用系统运维、售前售后服务
8	物联网产品售后工程师	知识： （1）具有售后服务流程知识； （2）具有物联网典型产品性能及技术参数知识； （3）具有物联网应用的行业背景知识； （4）具有 RFID、传感器、智能终端、物联网网关等物联网专业知识。 能力： （1）能按照规范的产品操作说明完成物联网产品的安装、调试工作； （2）能为客户进行售后技术培训； （3）能解答客户对产品的疑问，解决产品的技术问题 素质： 具备创新能力、团队协作创新能力和组织策划方案的能力。 综合工作任务： （1）负责产品的调试、安装； （2）负责产品的技术培训； （3）负责产品的维修	
…	…	…	

1.2　对典型工作任务的支持

1.2.1　物联网技术专业典型工作任务概述

通过对三个主要的技术（职业）领域的深入分析，提炼出要培养该职业技术领域的专业核心能力所需要的典型工作任务，如表 1-4 所示，其中，物联网应用系统集成技术（职业）领域对应物联网设备的安装与配置和物联网应用系统搭建与部署两个典型工作任务；物联网应用系统开发与测试技术（职业）领域对应物联网上位机应用程序开发和物联网移动应用程序开发两个典型工作任务；物联网应用系统运营维护技术（职业）领域对应物联网应用系统安全维护和物联网应用系统运营管理两个典型工作任务。

表 1-4　典型工作任务汇总表

专　业　名　称	物联网应用技术
专业技术（职业）领域	专业（职业）领域为物联网应用系统集成、物联网应用系统软件开发、物联网应用系统运营维护等
典型工作任务编号	典型工作任务名称
典型工作任务一	物联网设备的安装与配置
典型工作任务二	物联网系统网络搭建及部署
典型工作任务三	物联网上位机应用程序开发
典型工作任务四	物联网移动应用程序开发
典型工作任务五	物联网应用系统安全维护
典型工作任务六	物联网应用系统运营管理

对上述六个典型工作任务进行分解后，得到完成该典型任务所需要掌握的专业技术、知识和技能。这些技术、知识和技能经过分解和重组，形成了后续专业基础课程、专业技能课程以及综合能力课程。

1.2.2　典型工作任务案例分析

上述六个典型工作任务案例分析如下：

1. 典型工作任务一

物联网设备的安装与配置典型工作任务为物联网应用技术专业的物联网应用系统集成专业技术领域的工作任务之一，其典型工作任务和工作环境的描述、支撑的技术、知识、技能等分析，以及技术、知识部分对应本教材章节等如表 1-5 所示。

表 1-5　物联网设备的安装与配置典型工作任务案例分析

专业名称	物联网应用技术		
专业技术领域	物联网应用系统集成		
典型工作名称	物联网设备的安装与配置		
典型工作任务描述 （工作岗位、工作任务内容、工作过程等）	在各类物联网系统集成商、电子信息企业从事物联网相关产品生产、单板调试、整机检测等工作；在物联网系统集成公司从事 RFID、传感器、智能终端设备的安装与调试等工作		
工作环境描述			
工作资源	组织方式 （劳动组织形式）		工作现场、工作要求
工具（设施、器材、材料等）：条码设备、RFID、阅读器、传感器、电源线、数据线、布线工具等。 工作方法：RFID、传感器的安装以及电源和数据线缆的布线	以班级为单位进行集体观摩； 以小组为单位进行设备安装； 以个人为单位进行设备调试		具备 RFID 设备、传感器设备及物联网实训平台、物联网沙盘以及物联网仿真系统等的实验室。 　　了解典型物联网应用系统，感知物联网典型设备，熟悉物联网设备的安装
基础支持（支撑的技术、知识、技能等）： 支撑的技术：传感器技术、RFID 射频技术。 知识：需要具备基本的电路知识、模拟电路和数字电路知识、RFID 以及传感器的知识，能够识别不同类型的条码设备、传感器、RFID 和智能终端等物联网设备。 技能：在物联网综合布线中，能够正确地为各种不同类型的设备连接所需不同电压的电源，通过数据线连接传感器至数据采集设备。 理论、实践能力提升预期： 理论提升预期：射频的工作原理、传感器工作原理 实践能力提升预期：物联网应用系统设备安装、部署及优化设计			
本教材对应的章节	第 2、3、8 章		

2．典型工作任务二

物联网系统网络搭建及部署典型工作任务为物联网应用技术专业的物联网应用系统集成专业技术领域的工作任务之一，其典型工作任务和工作环境的描述、支撑的技术、知识、技能等分析，以及技术、知识部分对应本教材章节等如表 1-6 所示。

表 1-6　物联网系统网络搭建及部署典型工作任务案例分析

专业名称	物联网应用技术		
专业技术领域	物联网应用系统集成		
典型工作名称	物联网系统网络搭建及部署		
典型工作任务描述 （工作岗位、工作任务内容、 工作过程等）	在各类 IT 企业、网络工程企业参与物联网网络组建、系统配置、管理与维护，物联网应用系统软件开发设计、工程施工、调试及技术服务等		
工作环境描述			
工作资源 工具（设施、器材、材料等）：计算机、物联网综合实训平台。 工作方法：利用物联网综合实训平台进行物联网工程项目的系统的网络组建、系统安装与调试等	组织方式 （劳动组织形式） 以项目小组为单位，小组成员进行分工，分别进行底层设备的安装、调试、系统的组网、系统的安装与调试等		工作现场、工作要求 物联网综合实训室或物联网虚拟仿真实训室，要求有综合实训平台，以及配套计算机设备
基础支持（支撑的技术、知识、技能等）： 　具备物联网工程的基本知识，了解物联网与传统网络之间的关系，熟知物联网的发展带来的网络工程设计方面的新技术、新产品、新装备、新工艺和新的解决方案；熟知"集成"的物联网各个实施环节，完全按照实际的工作流程顺序及相关应用技术配置与施工、搭建和调试网络；熟知规划、选型、施工、测试到管理的全过程，掌握典型局域网、广域网、网络互联和接入技术。 　掌握物联网工程需求分析、规划与设计、组织实施、设备选型与拓扑规划、运行与管理、测试与升级融合；能够认知感知识别层、网络构建层、管理服务层和综合应用层，具有四层网络工程设计与实施能力；理解计算机网络工程中涉及的关键技术和解决方法，包括网络的需求分析、网络工程分析与规划。 理论、实践能力提升预期： 　扩展物联网应用系统在不同行业中的知识。 　能根据不同行业对物联网系统的需求进行物联网工程分析、规划与设计、组织实施			
本教材对应的章节	第 4、7、8 章		

3．典型工作任务三

物联网上位机应用程序开发典型工作任务为物联网应用技术专业的物联网应用系统软件开发专业技术领域的工作任务之一，其典型工作任务和工作环境的描述、支撑的技术、知识、技能等分析，以及技术、知识部分对应本教材章节等如表 1-7 所示。

表 1-7　物联网上位机应用程序开发典型工作任务案例分析

专业名称	物联网应用技术
专业技术领域	物联网应用系统软件开发
典型工作名称	物联网上位机应用程序开发
典型工作任务描述 （工作岗位、工作任务内容、 工作过程等）	在各类 IT 企业、软件开发公司参与物联网软件项目的设计开发、PC 端 C#、Java、HTML5 等技术的软件编程与调试、软件测试、软件服务等工作
工作环境描述	

工作资源	组织方式	工作现场、工作要求
工具（设施、器材、材料等）：计算机、Visual Studio、Android Studio、Eclipse、Dreamweaver 等软件开发工具。 工作方法：程序编码	（劳动组织形式） 以项目小组形式，根据软件项目中特定的任务目标要求，完成相关设计和编程练习	物联网应用开发实训室或物联网应用开发虚拟仿真实训室。 完成对 RFID、传感器等物联网设备的上位机软件的应用开发编程

基础支持（支撑的技术、知识、技能等）：

具备程序设计的基本语法知识、程序控制结构、面向对象和数据库等知识。

能够对给出的程序代码进行正确的语法分析和程序阅读，并进行功能分析；能够进行面向对象程序开发，并在代码中正确体现类、对象的各个特征。能够根据要求进行系统分析和设计，具有 Windows 应用程序开发能力；能够进行涉及数据库的应用程序开发编程；能正确调试程序和测试程序；能够正确发布应用程序。

理论、实践能力提升预期：

具备进一步的 RFID、串口、无线通信、视频、图像等方面的编程知识。

能进行 RFID 读取与写入编程，能进行串口编程，能进行视频和图像的读取与写入数据库，能进行通信编程等

本教材对应的章节	第 5、6、8 章

4．典型工作任务四

物联网移动应用程序开发典型工作任务为物联网应用技术专业的物联网应用系统软件开发专业技术领域的工作任务之一，其典型工作任务和工作环境的描述、支撑的技术、知识、技能等分析，以及技术、知识部分对应本教材章节等如表 1-8 所示。

表 1-8　物联网移动应用程序开发典型工作任务案例分析

专业名称	物联网应用技术	
专业技术领域	物联网应用系统软件开发	
典型工作名称	物联网移动应用程序开发	
典型工作任务描述 （工作岗位、工作任务内容、工作过程等）	在各类 IT 企业、软件开发公司参与物联网移动终端软件、嵌入式网关软件项目的设计开发、软件测试、软件服务等工作。	
工作环境描述		
工作资源	组织方式	工作现场、工作要求
工具（设施、器材、材料等）：PC、安卓开发工具、嵌入式网关实验箱、串口线。 工作方法：在 PC 端进行移动应用程序开发调试，完成后调试写入到移动终端或嵌入式网关	（劳动组织形式） 以项目小组形式，根据软件项目中特定的任务目标要求，完成相关设计和编程练习	物联网应用开发实训室或物联网应用开发虚拟仿真实训室。 完成对 RFID、传感器等物联网设备的移动终端软件的应用开发编程

基础支持（支撑的技术、知识、技能等）：

具备 Android 平台的背景知识；熟知 Android 应用程序的主流开发工具；熟知 Android 应用程序的用户界面、常用控件等知识；具备 Android 开发框架和 Service 组件的应用和数据存储等知识；熟知 Android 平台的多媒体开发和网络通信知识；熟知 Android 平台的传感器访问和具有地理信息功能的应用程序开发知识。

能够安装 Android 应用程序开发工具，配置开发环境；能够设计 Android 应用程序的用户界面，会使用常用的用户界面控件；能够使用 Service 组件进行 Android 应用程序开发，能够在 Android 应用程序中进行数据存储，能够在 Android 平台进行多媒体开发，能够在 Android 应用程序中进行网络通信；能够在 Android 平台使用传感器进行应用程序开发；能够借助 Google Map API 开发具有地理信息功能的 Android 应用程序。

具备 HTML5（JavaScript+CSS3）Web 跨平台前端开发知识，实现 Android、iOS、Windows/Linux 跨平台物联，构建 Web 图形化用户界面和工业组态。

理论、实践能力提升预期：

具备进一步掌握 RFID、串口、无线通信、视频、图像等方面的编程知识。

具备视频监控、数字量读取、数据库存取等方面的技能。

本教材对应的章节	第 5、6、8 章

5. 典型工作任务五

物联网应用系统安全维护典型工作任务为物联网应用技术专业的物联网应用系统运营维护专业技术领域的工作任务之一，其典型工作任务和工作环境的描述、支撑的技术、知识、技能等分析，以及技术、知识部分对应本教材章节等如表 1-9 所示。

表 1-9　物联网应用系统安全维护典型工作任务案例分析

专业名称	物联网应用技术		
专业技术领域	物联网应用系统运营维护		
典型工作名称	物联网应用系统安全维护		
典型工作任务描述 （工作岗位、工作任务内容、 工作过程等）	在物联网企业、IT 及相关企业从事传感器、RFID 以及智能终端产品的销售、产品升级、技术服务和产品维护等工作		
工作环境描述			
工作资源 　工具（设施、器材、材料等）： PC、RFID、传感器、智能终端、万用表测试工具等。 　工作方法：物联网设备的日常测试、维护及产品销售等	组织方式 （劳动组织形式） 以项目小组形式模拟产品销售、技术服务情境		工作现场、工作要求 在物联网综合实训室或物联网虚拟仿真实训室模拟产品销售、技术服务情境
基础支持（支撑的技术、知识、技能等）： 　具备产品销售知识以及物联网设备的产品性能、技术参数等知识；具备 RFID、传感器、智能终端等设备的基本维护知识。 　能够熟练说出物联网产品的性能以及相关技术参数，能够根据物联网应用系统的需求提出合理的产品选型方案，能根据物联网系统的技术故障给出合理的技术解决方案。			
理论、实践能力提升预期： 　了解互联网＋背景下物联网技术新的发展趋势，掌握大数据、人工智能等新技术在物联网应用中的知识。 　提升系统性地分析和解决问题的能力；针对不同的用户需求，能提出合理完整的售前和售后的技术方案			
本教材对应的章节	第 5、6、7、8 章		

6. 典型工作任务六

物联网应用系统管理典型工作任务为物联网应用技术专业的物联网应用系统运营维护专业技术领域的工作任务之一，对其典型工作任务和工作环境的描述、支撑的技术、知识、技能等分析，以及技术、知识部分对应本教材章节等如表 1-10 所示。

表 1-10 物联网应用系统管理典型工作任务案例分析

专业名称	物联网应用技术		
专业技术领域	物联网应用系统运营维护		
典型工作名称	物联网应用系统管理		
典型工作任务描述 （工作岗位、工作任务内容、 工作过程等）	在各类物联网应用领域，如智慧农业系统、智慧医疗系统、食品溯源系统、仓储物流管理系统、车联网、公路不停车收费系统、资产管理系统、智能门禁管理、智能小区系统等从事物联网应用系统的操作、软硬件维护等工作		
工作环境描述			
工作资源 　工具（设施、器材、材料等）： 物联网综合实训系统 　工作方法：对物联网的硬件系统和软件系统的管理和维护	组织方式 （劳动组织形式） 以项目管理团队方式进行物联网应用系统的软硬件管理		工作现场、工作要求 物联网综合实训室，具备物联网综合实训系统、3D 综合仿真实训系统、物联网典型应用系统实物沙盘等

续表

基础支持（支撑的技术、知识、技能等）：	
具备物联网的体系结构和主要标准的基本知识；了解物联网技术各类典型行业中应用的相关行业知识；具备物联网硬件系统和软件系统的管理和配置方法。 能进行物联网硬件系统的网络组网与维护，能进行物联网硬件设备的配置与维护，能进行物联网软件系统的管理，配置与维护，能进行智能移动终端的软件配置与维护 理论、实践能力提升预期： 深入了解物联网典型应用的专业知识。 提升对智慧城市等大型物联网应用系统的应用能力	
本教材对应的章节	第 7、8 章

1.3　其他要阐述和说明的问题

1.3.1　本教材内容体系架构及教学资源设计

1. 内容体系架构

本教材内容体系结构设计流程如图 1-2 所示，并形成了图 1-3 所示的内容体系架构。全书按照物联网的四层体系架构进行设计，分为 8 个章节，第 1 章主要介绍物联网应用技术专业的技术（职业）领域分析，得到了完成本专业学习的六个典型工作任务，并分析了每个典型工作任务所需要技术、知识、技能，为本书后续章节的设计提供了依据。第 2 章主要介绍物联网技术的概况，包括其发展历史、特征以及体系结构等内容。第 3 章主要介绍四层体系结构中的物理层的感知技术知识。第 4 章主要介绍网络层的相关通信技术。第 5 章和第 6

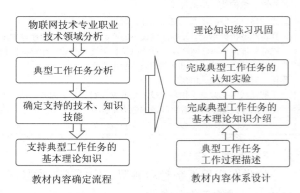

图 1-2　内容体系结构设计流程

章主要介绍物联网技术中的中间件技术，如云计算、大数据等技术知识。第 7 章和第 8 章主要介绍应用层的相关技术，如物联网的安全技术以及物联网的典型应用等内容。

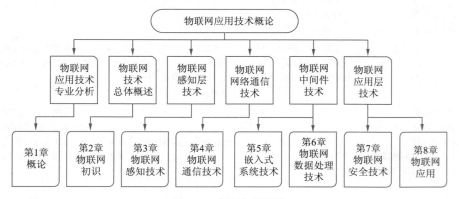

图 1-3　内容体系架构

2．教学资源设计

本书将配套超星泛雅在线课程平台。

课程网址：https://mooc1-1.chaoxing.com/course/86569084.html。

1.3.2 章节教学案例设计

本书每个章节首先介绍典型工作任务工作过程描述，并设计了典型工作任务工作流程，如图 1-4 所示，然后通过思维导图（见图 1-5），列举出完成该典型任务的工作过程中所需的技术知识。

| 工作过程1 | → | 工作过程2 | → | 工作过程3 | → | ... | → | 工作过程n |

图 1-4 典型工作任务工作流程示例

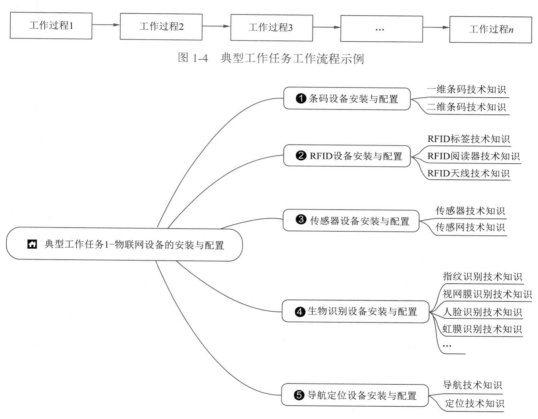

图 1-5 完成典型工作任务 1 所需的技术知识思维导图

第2章
物联网初识

引言

典型工作任务工作过程描述：本章知识支撑的物联网应用技术专业的典型工作任务是掌握物联网基础概念，能够列举身边的物联网应用案例，并分析典型应用中可能使用的产品和功能，绘制包含完整设备的系统结构图。

内容结构图

物联网初识按照物联网基本概念、物联网发展历史、物联网基本特征、物联网体系结构和物联网标准化几个模块进行介绍。物联网基本概念介绍了几个容易混淆的概念如传感网、物联网、互联网、泛在网；发展及展望部分以时间为主线，介绍了物联网的发展史、发展现状及未来趋势；物联网特征和体系架构是本章的重点和难点；物联网标准化工作介绍了国内外著名的物联网标准化组织及其所做的贡献。

完成该典型任务的工作过程中所需的理论知识结构如图 2-1 所示。

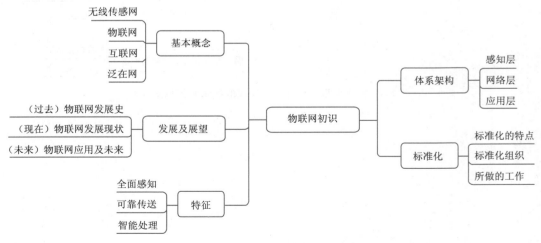

图 2-1　支持典型工作任务所需的理论知识结构

学习目标

通过对本章内容的学习，学生应该能够做到：

- 能区分几个常见的物联网概念，如：传感网、物联网、互联网、泛在网。
- 能说出物联网的发展历史、应用现状及今后的发展趋势。
- 能阐述联网的三个基本特征。
- 能解释物联网的三层架构以及每一层的功能。
- 能举例说明几个常见的国内外物联网标准化组织及其所做的工作。

2.1　物联网的概念

纵观全球三次信息化浪潮，第一次信息化浪潮出现在 1980 年左右，随着个人计算机的大规模普及应用，第一次信息化浪潮到来，这一阶段可总结为以单机应用为主要特征的数字化阶段，解决了信息处理的难题。从 20 世纪 90 年代中期开始，以美国提出的"信息高速公路"建设计划为重要标志，全球信息化迎来了蓬勃发展的第二次浪潮，即以互联网应用为主要特征的网络化阶段，解决了信息传输的难题。2010 年前后，随着互联网向物联网（含工业互联网）延伸覆盖，"人机物"三元融合的发展态势已然成型。大数据，云计算，物联网等技术相继出现，信息化正在开启以数据的深度挖掘和融合应用为主要特征的智能化阶段，解决了信息爆炸的难题。

仔细研究信息化发展的三个阶段，数字化、网络化和智能化是三条并行不悖的发展主线。其中数字化奠定基础，实现数据资源的获取和积累；网络化构造平台，促进数据资源的流通和汇聚；智能化展现能力，通过多源数据的融合分析呈现信息应用的类人智能，帮助人类更好地认知事物和解决问题。

2.1.1　无线传感网（Wireless Sensor Networks）

20 世纪 90 年代末，随着现代传感器、无线通信、现代网络、嵌入式计算、集成电路、分布式信息处理与人工智能等新兴技术的发展与融合，新材料、新工艺随之出现，传感器技术向微型化、数字化、智能化方向迅速发展，各种具有感知、通信与计算机功能的智能微型传感器被研制而出。大量的微型传感器部署在监测区域内，通过无线通信方式智能组网，形成一个自组织网络及系统，称为无线传感器网络，简称无线传感网。无线传感网具有信号采集、实时监测、信息传输、协同处理等功能。

2.1.2　物联网（The Internet of Things）

随着网络覆盖的普及，人们思考这样一个问题：无所不在的网络实现了人类之间的无限制沟通，那为什么不能将网络作为物与物、物与人之间沟通的工具呢？

物联网的概念最早是由麻省理工学院（MIT）研究中心（Auto-ID Labs）在 1999 年研究 RFID 时提出的。2005 年国际电信联盟（ITU）发布的同名报告中，物联网的定义和范围已经发生了变化，不再只是指基于 RFID 技术的物联网，覆盖范围有了较大的拓展。但 ITU 的报告并没有对物联网给出清晰的定义。

顾名思义，物联网就是物物相连的互联网。这有两层意思：第一，物联网的核心和基础仍然是互联网，是在互联网基础上延伸和扩展的网络；第二，其用户端延伸和扩展到了任何物品与物品之间，进行信息交换和通信。因此，物联网是指通过信息感知设备（如射频识别装置、无线传感器节点、摄像头等），按照约定的协议，把任何物体与互联网连接起来，进行信息交换和通信，实现智能化识别、定位、跟踪、监控以及管理的一种网络。物联网是在互联网基础上延伸和扩展的网络，是信息化向智能化转变的过程。

需要注意的是，这里的"物"要满足以下条件才能够被纳入"物联网"的范围：

① 要有数据传输通路。

② 要有一定的存储功能。

③ 要有 CPU。

④ 要有操作系统。

⑤ 要有专门的应用程序。

⑥ 遵循物联网的通信协议。

⑦ 在世界网络中有可被识别的唯一编号。

扫一扫

🖱️知识拓展

对"物联网"认识的几个误区提醒。

互联网，就是互相连接的网络，也称"因特网（Internet）"，是指通过一组通用的协议，将更多的计算机互连起来，实现覆盖全世界的逻辑上单一且巨大的国际全球化网络。在这个网络中有交换机、路由器等网络互连设备、各种不同的连接链路、服务器和计算机、终端等。

2.1.3 互联网（Internet）

互联网起源于 20 世纪 60 年代中期美国国防部高级研究计划署 DARPA 的前身 ARPAnet，时至今日网络已经渗透进入人们日常生活的每一个环节，彻底改变了人们的生活。使用互联网可以将信息瞬间发送给千里之外的设备，它是信息社会的基础。

扫一扫

🖱️知识拓展

ARPAnet 介绍知识链接。

2.1.4 泛在网（Ubiquitous Networking）

1991 年，施乐实验室首席技术官 Mark Weiser 首次提出"泛在计算"的概念。Ubiquitous 源自拉丁语，意思是存在于任何地方。泛在计算描述了任何人不管何时、何地，都可以通过合适的终端设备与网络连接，将信息处理嵌入到计算设备中，从而协同地为用户提供信息通信服务。

泛在网最早由日本和韩国提出，它选用适当的终端设备连接网络，是将智能网络、计算机技术及其他先进的数字技术基础设施组装而成的技术形态，从而实现空间信息与物理信息之间的无缝对接，按需获得个性化的信息服务。泛在网的三个特征分别是：无所不在、无所不含、无所不能，具体来说就是实现 5A 条件，即实现任何时间（Anytime）、任何地点（Anywhere）、任何人（Anyone）、任何物（Anything）、任何对象（Any Object）之间顺畅地通信。

2.1.5 几个概念的比较

我们来看下"人"与"物"之间的互动关系，如图 2-2 所示。

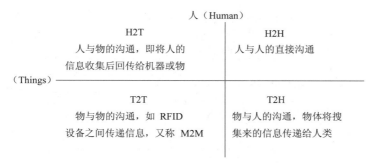

图 2-2 "人"与"物"之间的互动关系

由此可见，传感网由多个具有有线或无线通信与计算能力的低功耗、小体积的微小传感器节点构成。各种传感器（光、电、温度、湿度、压力等）和中低速的近距离无线通信技术构成一个独立的网络，一般提供局域或小范围物与物之间的信息交换功能。物联网采用各种不同的技术把物理世界的各种智能物体、传感器接入网络，解决广域或大范围的人与物、物与物之间信息的联网问题，通过接入延伸技术，实现末端网络（个域网、汽车网、家庭网络、社区网络等）的互连，最终实现人与物、物与物之间的通信。泛在网络基于个人和社会的需求，利用现有的网络技术和新的网络技术，实现人与人、人与物、物与物之间按需进行的信息获取、传递、存储、认知、决策、使用等服务，为个人和社会提供泛在的、无所不含的信息服务和应用。

传感网、物联网以及泛在网三者之间存在包含与被包含的关系，可以简单用图 2-3 表示。

图 2-3 传感网、物联网以及泛在网三者之间的关系

2.2 物联网发展及展望

2.2.1 物联网发展史

"物联网"这个名词自 1999 年 Auto-ID 实验室的执行董事 Kevin Ashton 提出以来，在整个发展过程中，有几个标志性里程碑，影响着人类信息社会的发展，如表 2-1 所示。

表 2-1 物联网发展过程中的标志性里程碑

时　间	标志性事件
1999 年	麻省理工学院研究中心 Kevin Ashton 研究 RFID 时提出物联网概念
2003—2004 年	IoT 一词第一次开始出现在书名上，被主流的出版社和波士顿环球报提出

时　　间	标志性事件
2005 年	联合国国际电信联盟（ITU）在 2005 年发布 IoT 技术报告
2006—2008 年	第一个欧洲物联网会议举行
2008 年	物联网诞生，一群公司推出 IPSO 联盟。美国国家情报委员会将物联网列为"六项颠覆性民用技术"其中之一
2009 年	IBM 首席执行官彭明盛首次提出了"智慧地球"这一概念，时任国务院总理温家宝在无锡视察时发表重要讲话，提出"感知中国"战略构想
2010 年	温家宝总理称 IoT 为中国重点产业
2011 年	IPv6 公开推出
2013 年	发表 Google 眼镜，是一种增强现实技术的眼镜
2014 年	苹果公司宣布，HealthKit 和 HomeKit 两个健康与家庭自动化的发展。苹果公司提出 iBeacon，它是一个可以发展环境和地理定位服务的广播设备
2015 年	亚马逊推出物联网应用平台 AWS IoT
2016 年	物联网标准 NB-IoT（窄带蜂窝物联网）正式获得国际组织 3GPP 批准
2017 年	IBM 正式启动全新 Watson 物联网总部，成立业内首个认知联合实验室
2018 年	2018《物联网参考体系结构》国际标准正式发布

2.2.2　物联网发展现状

2010 年 6 月，胡锦涛总书记在两院院士大会上提出要加快发展物联网技术，改变我国信息资源行业分隔、核心技术受制于人的局面。目前，全球物联网处于论证与试验阶段，处于攻克关键技术、制定标准规范与研发应用的初级阶段。

物联网被各国政府视为拉动经济复苏的重要动力。历史经验表明，每次全球经济复苏都会伴随一些新兴技术及产业的革命，很多国家都将物联网视为拉动经济复苏的源动力之一。物联网给不同行业带来深刻变革：在农业领域，提高农业智能化和精准化水平；在物流领域，支持多式联运，构建智能高效的物流体系；在污染源监控和生态环境监测等领域，提高污染治理和环境保护水平；在医疗领域，积极推动远程医疗，应用于药品流通、病患看护、电子病历管理等。同时，物联网产生的海量数据的价值发掘将继续推动物联网发展，促使生活和社会管理朝着智能化、精准化方向转变。

全球物联网热点区域主要是欧洲、美国和亚太地区。美国物联网重点聚焦于以工业互联网为基础的先进制造体系构建，欧盟在 2016 年组建物联网创新平台，同时通过"horizon2020"研发计划，在物联网领域投入众多资金；韩国选择以人工智能、智慧城市、虚拟现实等九大国家创新项目作为发掘新经济增长动力和提升国民生活质量的新引擎；中国将物联网作为战略性新兴产业上升为国家发展重点。据 IDC 报告数据，2017 年全球物联网总体指出同比增长 16.7%，略高于 8 000 亿美元，到 2021 年，全球物联网支出将达到 1.4 万亿美元。

随着各地智慧城市建设提速，相关市场规模也在不断扩大。信息采集网络覆盖城市各个领域，实时采集公共设施、车辆、人流、空气质量、水质等信息，汇集海量数据到智慧城市管理平台，物联网是智慧城市的基石。

2.2.3　物联网应用及未来

据统计，2017 年中国物联网产业规模已达万亿元，物联网已上升为全国战略性新兴产业。

同时，5G 网络即将商业部署，其强大的性能将帮助物联网使用成本下降，并提供更多重流量型物联网应用。

1. 未来的应用

亿欧智库发布了一份新的报告《2018 中国物联网应用研究报告》，对物联网产业的发展进行了梳理，并总结出了未来的十大应用领域，分别为：物流、交通、安防、能源、医疗、建筑、制造、家居、零售和农业。

智慧物流：智慧物流是新技术应用于物流行业的统称，通过物联网、大数据、人工智能等信息技术，实现物流各个环节内的系统感知、全面分析及处理等功能。报告中将物联网技术应用于物流领域分为三个方面，即仓储管理、运输监测以及智能快递柜。目前，该行业的几大应用已全部实现了物联网数字化，未来应加强物流数字化水平，利用大数据、人工智能等算法实现物流数据化，满足客户的个性化需求。

智能交通：交通是物联网的重要应用场景之一。智能交通利用先进的信息技术，使人、车和路能够紧密的配合，改善交通运输环境、提高资源利用率等。报告中亿欧智库根据实际发展情况，将智能交通分为八大应用场景。智能交通的未来发展在于增强数据采集多样性，提高系统协同性，降低行业成本，培育更加适合地域与行业的新模式。

智能安防：安防应用于物联网技术，主要是通过摄像头进行物体监控。其最核心的部分在于智能安防系统，可分为门禁、报警和监控三大部分，行业中主要以视频监控为主。智能安防的未来发展在于提高识别精准度，深挖垂直行业的解决方案，发展民用市场，实现从数字化向智能化方向转变。

智慧能源：智慧能源属于智慧城市的一个部分，当前，物联网技术应用在能源领域，主要用于水、电、燃气等表计以及室外路灯的远程控制等，基于环境和设备进行物体感知，通过监测，提升利用效率，减少能源损耗。智慧能源现阶段还在探索商业模式阶段，未来政府应提高政策保障，企业应解决能源设备互联互通问题，同时加快节能设备的更换速度。

智能医疗：在智能医疗领域，新技术的应用必须以人为中心。物联网技术应用于医疗领域，能有效地帮助医院实现对人和医疗物品的智能化管理。在智能医疗领域，我国刚处于起步阶段，未来应设计多场景应用传感器，挖掘更多的以人为主的医疗场景，同时加快提高医院医疗数字化水平。

智慧建筑：建筑是城市的基石，当前的智慧建筑主要体现在用电照明、消防监测以及楼宇控制等，实现设备感知并远程监控等。未来应从建筑内单纯的设备节能，向设备间的子系统协同发展，进而可向不同建筑系统协同发展。

智能制造：制造领域应用于物联网技术，主要体现在数字化以及智能化的工厂改造上，包括工厂机械设备监控和工厂的环境监控。目前，工厂数字化水平还未实现，未来应提高工业设备的数字化水平，挖掘原有设备数据的价值，提高设备间的协同能力。

智能家居：物联网应用于智能家居领域，能够对家居产品的位置、状态、变化进行监测，同时根据人的需要，在一定的程度上进行反馈。智能家居行业发展主要分为三个阶段：单品连接、物物联动和平台集成。其未来发展方向是自单品向物物联动发展，同时制定行业标准，根据客户需要，个性化定制智能家居产品，打造多个智能家居入口。

智能零售：行业内将零售按照距离，分为三种不同的形式：远场零售、中场零售、近场零售。物联网技术应用于零售领域，主要应用于近场零售，即无人便利店和自动（无人）售货机。通过将传统的售货机和便利店进行数字化升级、改造，打造无人零售模式。未来应着重利用获取的数据，通过人、场景等定位，对数据分析后进行用户画像描述，实现对用户的精准推荐。

智慧农业：智慧农业指的是利用新技术实现农业可视化诊断、远程控制以及灾害预警等功能。当前，已经能简单的实现农作物、水果类以及畜牧产品的监测，未来发展应降低系统解决成本，着重获取农业数据，培育市场，提高农业数字化水平。

稍加总结可以发现，在物联网应用中有三项关键技术：

① 传感器技术：这也是计算机应用中的关键技术。大家都知道，到目前为止绝大部分计算机处理的都是数字信号。自从有计算机以来就需要传感器把模拟信号转换成数字信号，以利用计算机进行处理。

② RFID 标签：RFID 其实也是一种传感器技术，RFID 技术是融合了无线射频技术和嵌入式技术为一体的综合技术，RFID 在自动识别、物品物流管理领域有着广阔的应用前景。

③ 嵌入式系统技术：是综合了计算机软硬件技术、传感器技术、集成电路技术、电子应用技术等多种技术为一体的复杂技术。经过几十年的演变，小到人们身边的 MP3，大到航天航空的卫星系统，以嵌入式系统为特征的智能终端产品随处可见。嵌入式系统正在改变着人们的生活，推动着工业生产以及国防工业的发展。如果把物联网用人体做一个简单比喻，传感器相当于人的眼睛、鼻子、皮肤等感官，用来感知信息，网络就是神经系统，用来传递信息，嵌入式系统则是人的大脑，在接收到信息后要进行分类处理。

2. 面临的挑战

除此之外，智能手机现在正成为物联网的个人门户，作为联网家庭，联网汽车的遥控器或中枢，消费者将越来越多地佩戴健康和健身设备，智能手机、平板电脑和平板手机等高接受度的遥控器可以加强物联网的市场渗透。Forester 预测：到 2020 年，世界上"物物相连"的业务较"人人通信"业务的发展前景及对经济和社会的影响更大。如果真正实现物联网，需要解决一系列技术问题和管理问题，比如：标准规范、产品研发、安全保护、产业规划等。

随着物联网部署的数量持续增长，对于必须应对的挑战的可见度也在增加。对持续演进并能够处理不可预见事件的安全性解决方案的需求将是未来的一个关键趋势。由于可供选择的备选方案众多，选择使用哪种网络连接技术仍具挑战。运营技术（OT）和信息技术（IT）的融合是实施 IoT 公司需要解决的关键问题，因为 OT 产生的数据流量在规模和重要性方面都在增长。

Strategy Analytics 发布的最新 IoT 研究报告《2018 年十大物联网（IoT）趋势》指出，2018 年影响物联网的关键因素是对严格安全的持续要求、众多可选通信网络带来的挑战，以及 IT（信息技术）和 OT（运营技术）的关键融合。

Strategy Analytics 物联网研究执行总监 Andrew Brown 表示："物联网的头号问题仍然是安全性问题，受之驱动的日益增长的数据量和程序，使其成为任何部署的关键挑战。随着分布式端点与边缘计算（Edge Computing）同时增长，我们预计企业将会接受 UEM（统一端点管理）的解决方案。 然而，诸如区块链技术和边缘网关基础架构的安全性方面说明了整个物联网领域中如何解决安全问题。"

　　Strategy Analytics 的物联网研究高级分析师 Matt Wilkins 补充说："决定在部署中使用哪种网络连接技术仍然是一个关键问题。 在许多情况下，尽管供应商声称最终用户会根据自己的需求选择最合适的技术，部署物联网的公司对可用技术的选项和优点并不熟悉。尽管围绕物 5G IoT 的热议持续发酵，但要到 2020 年之后当 5G 网络和物联网模块 / 网关商业化更普及时，5G IoT 才会崛起。

　　来自诺基亚贝尔实验室的预测数据显示，未来十年，全球将会增加 1 000 亿以上的连接量，同时网络容量将比现在扩展 100 倍以上。而为了满足无人驾驶、VR 游戏等未来物联应用和业务体验的需要，网络延迟同时需要降低 10 倍以上。

🌐 **知识拓展**

Strategy Analytics 公司介绍链接。

扫一扫

2.3　物联网特征

　　物联网至少应该包含具体三个关键特征：各类终端实现全面感知，互联网、电信网等融合实现可靠传递，云计算等技术对海量数据实现智能处理。

2.3.1　全面感知

　　在物联网中，简单地把人与物互联起来，意义并不大。但如果能够通过感知，告诉人类这个物体的温度等信息，并且做到实时监测提醒就非常有用。全面感知就是利用传感器、无线射频装置、二维码等手段随时随地获取物体的信息，包括位置、环境、网络状态等。感知的最终目的就是实现对物体的控制。感知的方式可以有以下几种，如图 2-4 所示。

图 2-4　感知的方式

2.3.2　可靠传递

物联网的可靠传递是指通过各种融合业务，将物体的信息实时、准确、安全地传递出去，对接收到的感知信息进行实时远程传递，实现信息的交互和共享并能有效处理。可靠传递需要通过现有的有线、无线运行网络。由于传感网是一个局部无线网，因而无线移动通信网、4G、5G 网络等是物联网的有力支撑。物联网的主要传输方式包括以下几种，如图 2-5 所示。

数据网络　　　　移动网各（2G、3G、4G）　　　　传输设备

zigbee　　　　Wi-Fi　　　　蓝牙

图 2-5　物联网主要的传输方式

2.3.3　智能处理

面对采集获取的海量数据，物联网需要通过智能化分析和处理。智能处理是指利用模糊识别、云计算等各种智能计算技术，对随时接收到的海量数据信息进行分析处理，实现智能化的决策与控制。常见的各种智能处理服务器如图 2-6 所示。

入门级服务器　工作组级　　部门级服务器　　　企业级服务器　　　机房中的服务器
　　　　　　　服务器

图 2-6　常见的各种智能处理服务器

可见，各类终端实现"全面感知"，电信网、因特网等融合技术实现"可靠传输"，云计算等技术对海量数据实现"智能处理"。

2.4　物联网体系架构

自 1964 年 G. Amdahl 首次提出体系结构这个概念，人们对计算机系统开始有了统一而清晰的认识，为从此以后计算机系统的设计与开发奠定了良好的基础。

物联网是一个基于互联网、传统电信网等信息的载体，让所有能够被独立寻址的普通物理对象实现互联互通，从而提供智慧服务的网络。概念中强调三个要点：普通对象设备化、自治终端互联化、普适服务智能化。图 2-7 所示为物联网体系结构与层次模型。

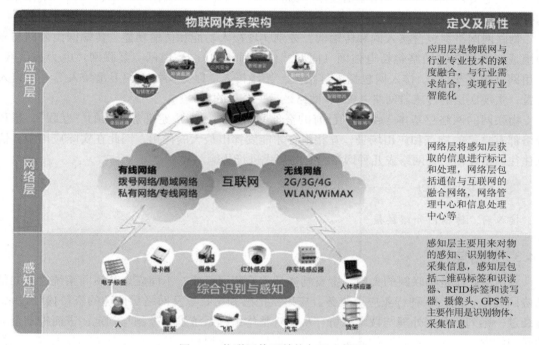

图 2-7　物联网体系结构与层次模型

2.4.1　感知层

感知层好比是物联网的皮肤和五官，作用就像人的视觉、触觉、味觉、听觉一样，是物联网的核心，主要功能是识别物体、数据采集与感知，涉及传感器、RFID、实时定位等技术。感知层由各种传感器网关和传感器构成，包括：温度传感器、二氧化碳浓度传感器、二维码标签、湿度传感器、摄像头、RFID 标签和读写器、GPS 等感知终端。

一些感知层常见的关键设备和技术如下：

① 传感器：传感器是物联网中获得信息的主要设备，它利用各种机制把被测量转换为电信号，然后由相应信号处理装置进行处理，并产生响应动作。常见的传感器包括温度、湿度、压力、光电传感器等。

② RFID：RFID 的全称为 Radio Frequency Identification，即射频识别，又称为电子标签。RFID 是一种非接触式的自动识别技术，可以通过无线电信号识别特定目标并读写相关数据。它主要用来为物联网中的各物品建立唯一的身份标示。

③ 传感器网络：传感器网络是一种由传感器节点组成的网络，其中每个传感器节点都具有传感器、微处理器及通信单元。节点间通过通信网络组成传感器网络，共同协作来感知和采集环境或物体的准确信息。而无线传感器网络（Wireless Sensor Network，WSN），则是目前发展迅速，应用最广的传感器网络。

2.4.2　网络层

网络层好比是物联网的神经，相当于人的大脑和神经中枢，主要负责传递和处理感知层获取的信息。主要功能是把感知层获取的信息可靠、安全地进行传送并根根据不同的应用需求进行信息处理据，涉及移动通信技术、因特网技术等。网络层由因特网、私有网络、无线和有线通信网、网络管理系统和云计算平台等组成。

物联网网络层包含接入网和传输网，分别实现接入功能和传输功能。传输网由公网与专网组成，典型传输网络包括电信网（固网、移动通信网）、广电网、互联网、电力通信网、专用网（数字集群）。接入网包括光纤接入、无线接入、以太网接入、卫星接入等各类接入方式，实现底层的传感器网络、RFID 网络最后一公里的接入。

物联网的网络层基本上综合了已有的全部网络形式，来构建更加广泛的"互联"。每种网络都有自己的特点和应用场景，互相组合才能发挥出最大的作用，因此在实际应用中，信息往往经由任何一种网络或几种网络组合的形式进行传输。

扫一扫

知识拓展

接入网、传输网介绍链接。

2.4.3　应用层

应用层好比是物联网的大脑，主要功能是支撑不同行业、不同应用及不同系统之间的信息协同共享，以及各种行业应用服务。应用层把感知层收集及网络层传递的资料接收过来，再经过一系列的数据处理与技术分析，从而对整体结构系统进行控制与判定，进而推动企业物联网的发展。对于物联网的应用层来讲，可划分成应用程序及终端设备两部分内容，它们一起肩负着物联网在不同领域、不同行业中的功能。

从结构上划分，物联网应用层包括以下三个部分：

① 物联网中间件：物联网中间件是一种独立的系统软件或服务程序，中间件将各种可以公用的能力进行统一封装，提供给物联网应用使用。

② 物联网应用：物联网应用就是用户直接使用的各种应用，如智能操控、智能安防、远程抄表、远程医疗、智能农业等。

③ 云计算：云计算可以助力物联网实现海量数据的存储和分析。依据云计算的服务类型可以将云分为：基础架构即服务 (IaaS)、平台即服务 (PaaS)、服务和软件即服务 (SaaS)。

扫一扫

知识拓展

中间件技术介绍链接。

2.5　物联网标准化

标准化定义：为了在一定范围内达到最佳秩序，对于实际的或潜在的问题确立公共并重复使用的条款的活动。活动包含标准的制定、发行和实施的全过程。标准化是解决产品、过程或服务所存在问题的活动。

"一流企业定标准、二流企业做品牌、三流企业卖技术、四流企业出产品。"是众所周知的经济发展规律。标准之争就是市场之争，各级标准金字塔结构如图 2-8 所示。

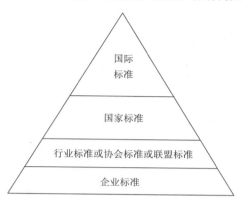

图 2-8　各级标准金字塔结构

我国颁布的标准化相关法律法规有：

1988 年 12 月 29 日颁布了《中华人民共和国标准化法》。

1990 年 4 月 6 日颁布了《中华人民共和国标准化法实施案例》。

1990 年 8 月 14 日颁布了《国家标准管理办法》。

2009 年 5 月 7 日颁布了《工业和信息化部行业标准制定管理暂行办法》。

2016 年 GB/T 33474—2016《物联网参考体系结构》国家标准正式出台。

2018 年 8 月 30 日，由我国主导的 ISO/IEC JTC1/SC41（物联网及相关技术分技术委员会）标准项目 ISO/IEC 30141: 2018《物联网参考体系结构》国际标准正式发布。

物联网的标准化主要包括两点：一是接口的标准化；二是数据模型的标准化。本着整合物联网相关标准化资源、更好地服务于国家的物联网产业协调发展大局，为物联网产业发展决策提供全面的技术和标准化服务支撑的原则，物联网体系架构标准由我国主导提出并制定，体现了我国在物联网国际标准化领域的技术领先优势。

2.5.1　物联网标准化的特点

理想的物联网产业化模式希望建议面向物物相连的统一共性平台，适应多样化的应用需求，最终可以实现以下几点：

① 实现不同底层技术方案的组合和集成。

② 屏蔽不同方案的差异性。

③ 支撑上层不同的应用系统。

④ 各类传感信息按照统一的模式实现平台管理和发布。

但是物联网标准化工作面临着严峻的考验，复杂性主要体现在：

① 不统一性：国家基础标准、应用标准等融合较少，各标准组织之间沟通协调较少，缺乏统一的规划。

② 不兼容性：物联网涉及信息产业多个领域，标准复杂多样，针对同一问题，不同标准组织制定不同的标准且互不兼容。

③ 不同步性：物联网部分应用建设已全面展开，但各标准组织从不同的角度和不同的深

度开展工作，无法及时指导应用。

④ 不一致性：由于应用建设的不同步性和标准的滞后性，导致应用建设和标准不一致，阻碍产业化发展。

2018《物联网参考体系结构》国际标准规定了物联网的系统特性、概念模型、参考模型、参考体系结构视图（功能视图、系统视图、网络视图等），以及物联网可信性。电子标准院目前正在积极组织物联网分技术委员会的筹建工作，后续也将加大对物联网标准的宣传，推动标准成果落地实施。

2.5.2 物联网标准化组织及其工作

1．物联网国际标准化组织

（1）ISO/IEC JTC1

ISO（国际标准化组织）和 IEC（国际电工委员会）于 1987 年联合成立 JTC1（第一联合技术委员会），负责制定信息技术领域的国际标准。在 JTC1 内开展物联网相关标准化工作的分技术委员和工作组有 SC6（系统间远程通信与信息交换）、SC17（卡和身份识别）、SC31（自动标识和数据采集技术）、WG7（传感器网络）。其中 SC6 和 WG7 开展网络通信标准化工作，SC17 和 SC31 开展 IC 卡和 RFID 标准化工作。

（2）ITU（国际电信联盟）

ITU 是全球性 ICT 标准化组织，是世界各国政府的电信主管部门之间协调电信事务方面的一个国际组织，成立于 1865 年 5 月 17 日，总部设在日内瓦，现有 191 个成员国和 700 多个部门成员及部门准成员，由电信标准部门（ITU-T）、无线电通信部门（ITU-R）和电信发展部门（ITU-D）3 个机构组成。

ITU-T 是全球性 ICT 标准化组织。目前电信标准部门设有 10 个研究组，分别为：SG2（运营方面）、SG3（经济与政策问题）、SG5（环境与气候变化）、SG9（宽带有线与电视）、SG11（协议及测试规范）、SG12（性能、服务质量和体验质量）、SG13（未来网络）、SG15（传输、接入及家庭）、SG16（多媒体）、SG17（安全）。

ITU-T 在物联网方面的标准化研究主要集中在总体框架、标识和应用 3 个方面，共涉及 4 个工作组，分别是：SG11、SG13、SG16、SG17。其中，SG11 牵头物联网及 M2M 信令和测试方面的工作，SG13 牵头物联网网络方面的工作，SG16 牵头物联网应用方面的工作，SG17 牵头物联网应用和业务安全方面的工作。ITU-T 为更好推进物联网标准化工作，于 2011—2012 年期间成立了 IoT-GSI 工作组和 FG M2M 工作组。

（3）One M2M

One M2M 是在无线通信解决方案联盟（ATIS）、中国通信标准化协会（CCSA）、欧洲电信标准协会（ETSI）、韩国电信技术协会（TTA）、日本电信技术委员会（TTC）、美国电信工业协会（TIA）、日本电波产业协会（ARIB）一共 7 家通信标准化组织积极推进下于 2012 年成立的一个全球性标准化组织。主要工作是部署机器到机器（M2M）通信系统标准化工作，最终实现统一通信业界的 M2M 应用层标准。

（4）IEEE

IEEE（电气电子工程师协会）成立于 1963 年，其前身是 AIEE（美国电气工程师协会）和 IRE（无线电工程师协会），主要侧重电工技术在理论方面的发展和应用方面的进步。IEEE 设有 IEEE 标准协会 IEEE-SA（IEEE Standard Association），负责标准化工作。IEEE 的标准制定内容包括电气与电子设备、试验方法、元器件、符号、定义以及测试方法等多个领域。IEEE 在物联网领域主要集中在短距离无线、智能电网、智能交通、智能医疗、绿色节能等方面，涉及 IEEE802.11、IEEE802.15、IEEE802.16、IEEE1609、IEEE1888、IEEE1377、IEEE P2030 等标准工作组。

（5）ZigBee 联盟

ZigBee 联盟是因特网工程任务组（Internet Engineering Task Force，IETF）下的基于低功耗广域网的 IPv6（IPv6 over Low Power WPAN，6LoWPAN）工作组。ZigBee 制定了基于 IEEE802.15.4，具有高可靠性、高性价比、低功耗的网络应用规范。ZigBee 开发了安全层，以保证这种便携设备不会意外泄露其标识，而且这种利用网络的远距离传输不会被其他节点获得。

（6）IETF

IETF（互联网工程任务组）于 1985 年成立，是松散的、自律的、志愿的民间学术组织，其主要任务是负责互联网相关技术规范的研制。

IETF 与物联网相关的研究集中在基于 IPv6 的低功耗网络路由和应用方面。侧重于将 IP 技术应用于物联网感知层的核心技术标准。IETF 共有 3 个工作组分别制定 6Lo WPAN 网络适配层（6Lo WPAN 工作组）、网络层路由（Ro LL 工作组）以及资源受限环境下的应用层（Co RE 工作组）技术标准，同时还有一个工作组（Lwig）主要对互联网轻量级协议实现进行研究。

（7）3GPP

3GPP（第三代合作伙伴计划）是一个于 1998 年 12 月成立的国际标准化组织，致力于 3G 及长期演进分组域网络的研究。下设 4 个技术专家组，共有 17 个工作组，其中 SA3 工作组主要开展安全方面的技术研究与标准制定工作。3GPP 的工作主要集中在 M2M 方面。3GPP 对于 M2M 安全方面相关的标准主要有 4 个：3GPP TR 22.368《机器类型通信服务需求》、3GPP TR 22.868《3GPP 系统支持 M2M 通信研究》、3GPP TR 33.812《远程部署和更改 M2M 设备签约的安全可行研究》、3GPP TR 33.868《机器类型通信安全问题研究》。

2．国内物联网标准化组织

（1）工信部电子标签标准工作组

该工作组的任务是联合社会各方面力量，开展电子标签标准体系的研究，并以企业为主体进行标准的预先研究和制修订工作。

（2）全国信息技术标准化技术委员会传感网标准工作组

传感器网络标准工作组的主要任务是根据国家标准化工作的方针政策，研究并提出有关传感网络标准化工作方针、政策和技术措施的建议；按照国家标准制／修订原则，积极采用国际标准和国外先进标准的方针，制订和完善传感网的标准体系表。提出制／修订传感网国家标准的长远规划和年度计划的建议；根据批准的计划，组织传感网国家标准的制／修订工作及其他与标准化有关的工作。传感器网络标准工作是由 PG1（国际标准化）、PG2（标准体系与系统架构）、PG3（通信与信息交互）、PG4（协同信息处理）、PG5（标识）、PG6（安全）、PG7（接口）和 PG8（电力行业应用调研）等 8 个专项组构成，开展具体的国家标准的制定工作。

（3）泛在网技术工作委员会

该工作组的任务是进一步促进电信运营商在泛在网领域进行积极的探索和有益的实践，不断优化设备制造商的技术研发方案，推动泛在网产业健康快速发展。

（4）中国物联网标准联合工作组

2010年6月8日，在国家标准化管理委员会、工业和信息化部等相关部委的共同领导和直接指导下，由全国工业过程测量和控制标准化技术委员会、全国智能运输系统标准化技术委员会、全国智能建筑及居住区数字化标准化技术委员会等19家现有标准化组织联合倡导并发起成立物联网标准联合工作组。

联合工作组紧紧围绕物联网产业与应用发展需求，统筹规划，整合资源，坚持自主创新与开放兼容相结合的标准战略，加快推进我国物联网国家标准体系的建设和相关国标的制定，同时积极参与有关国际标准的制定，以掌握发展的主动权。

扫一扫

🔰 知识拓展

标准化组织分类介绍链接。

2.6 物联网认知实践

2.6.1 实践目的

本次实践的主要目的是：

① 引导学生了解物联网，让学生感受物联网在生产、生活中的典型应用，在感受物联网应用的基础上让学生初步理解物联网含义。

② 通过学生观察、讨论，使学生明确物联网的系统结构，能绘制简单的系统结构图，总结各层的功能。

③ 通过学生观察、讨论，使学生明确物联网各层的技术及技术功能，能绘制详细的系统结构图。

2.6.2 实践的参考地点及形式

本次实践可以通过参观物联网综合实训室或参观实际的物联网应用场景进行，还可以通过Internet搜索引擎查询的方式进行。

2.6.3 实践内容

实践内容包括以下几个要求：

① 列举几个你身边的物联网应用。

② 每组考察某一个物联网典型应用，分组讨论其应该由哪几个部分组成，并绘制简单的系统结构图。

③ 每组确定分析一个物联网典型应用，分析典型应用中可能使用的产品和功能，绘制包含完整设备的系统结构图。

2.6.4 实践总结

根据上述实践内容要求，完成物联网概念认知的实践总结，总结中需要体现上述三个要求。

2.7 习 题

一、选择题

1. 首次提出了"智慧地球"这一概念的是（   ）。

    A. 奥巴马   B. 彭明盛   C. 温家宝   D. 比尔·盖茨

2. RFID 属于物联网的（   ）层。

    A. 感知层   B. 网络层   C. 业务层   D. 应用层

3. 利用模糊识别、云计算等各种智能计算技术，对随时接收到的海量数据信息进行分析处理，指的是（   ）。

    A. 全面感知   B. 可靠传递   C. 智能处理   D. 互联

4. （   ）不是物联网体系结构中的层次。

    A. 物理层   B. 网络层   C. 感知层   D. 应用层

5. "提出制/修订传感网国家标准的长远规划和年度计划的建议；根据批准的计划，组织传感网国家标准的制/修订工作及其他与标准化有关的工作"是我国（   ）物联网组织的工作。

    A. 泛在网技术工作委员会

    B. 全国信息技术标准化技术委员会传感网标准工作组

    C. 工信部电子标签标准工作组

    D. 中国物联网标准联合工作组

二、填空题

1. 物联网的三个关键特征是_____、_____、_____。

2. ZigBee 制定了基于 IEEE_____，具有高可靠性、高性价比、低功耗的网络应用规范。

3. NB-IoT 的英文全称是_____，中文含义是_____。

4. 全面感知就是利用_____、_____和二维码等手段随时随地获取物体的信息，包括位置、环境、网络状态等。感知的最终目的就是实现_____。

5. 物联网的标准化主要包括两点：一是_____的标准化；二是_____的标准化。

三、判断题

1. 物联网的概念最早是由麻省理工学院（MIT）研究中心（Auto-ID Labs）在 1999 年研究 RFID 时提出的。（   ）

2. 物联网采用各种不同的技术把物理世界的各种智能物体、传感器接入网络，解决广域或大范围的人与物、物与物之间信息交换需求的联网问题。（   ）

3. 2009 年 8 月 7 日，时任国务院总理温家宝在无锡视察时发表重要讲话，提出"感知中国"战略构想。（   ）

4. 联合国国际电信联盟（ITU）在 2006 年发布名为《The Internet of Things》的技术报告。（   ）

5. 国际电信联盟（ITU）不是物联网的国际标准化组织。（   ）

第3章

物联网感知技术

引言

典型工作任务工作过程描述：本章知识支撑的物联网应用技术专业的典型工作任务是物联网设备的安装与配置。该典型工作任务的工作过程描述如图3-1所示。

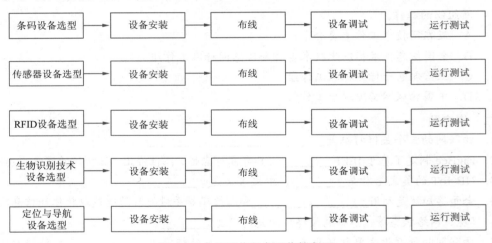

图 3-1 典型工作任务工作流程图

内容结构图

感知设备的选型包括条码设备、传感器设备、RFID 设备、生物识别技术设备、定位与导航设备等，完成设备选型后将进行设备的安装、布线、设备调试、运行测试等工作。

在完成该典型任务的工作过程中所需的理论知识结构如图3-2所示。

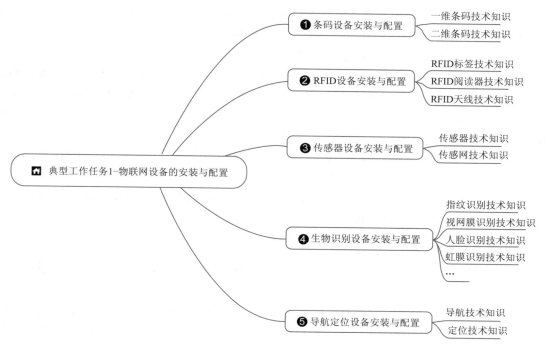

图 3-2 支持典型工作任务所需的理论知识结构

学习目标

通过对本章内容的学习，学生应该能够做到：

- 能分辨不同的条码，并能说出其主要的特点。
- 能识别不同的 RFID 标签及设备，并能描述其基本工作原理。
- 能识别不同的传感器设备，并能描述其基本工作原理。
- 能说出典型的生物识别技术，并能解释其应用场合。
- 能解释常见的物联网定位技术，并能解释其基本工作原理。

3.1 条形码技术

3.1.1 条形码的发展历史

条形码的研究始于美国。

20 世纪 20 年代，发明家 John Kermode 想对邮政单据实现自动分拣，想法是在信封上作标识，标识收件人的地址（像今天的邮政编码）。Kermode 发明了一个"条"表示数字"1"，两个"条"表示数字"2"；他又发明了由基本的元件组成的条码识读设备，从而实现了对信件的自动分拣。

20 世纪 40 年代，美国的两位工程师开始研究用代码表示食品项目和相应的自动识别设备，并于 1949 年获得了美国专利。

20 世纪 70 年代初，随着计算机技术的应用和发展，条码首先在美国的食品零售业应用并取得成功。同时，Interface Mechanisms 公司开发出"二维码"。

1970 年，美国统一编码委员会成立（Uniform Code Council，UCC）。

1972 年，UCC 推荐了由 IBM 公司提出的通用产品代码（Universal Production Code，UPC），随之而来的是使用 UPC 码标识商品和使用条码扫描器的销售点迅速增多。

1977 年，成立了"欧洲物品编码协会"，推出了与 UPC 码兼容的 EAN 码（European Article Numbering Association）。

1981 年，"欧洲物品编码协会"更名为"国际物品编码协会"（International Article Numbering Association，IAN）。

20 世纪 90 年代，相继出现了多种高容量条形码——CODE49、PDF417 等。

1991 年 4 月，"中国物品编码中心"代表中国加入"国际物品编码协会"。

3.1.2 条形码的概念

条形码简称条码（Bar code），它是"由一组规则排列的条、空及其对应字符组成的标记，用以表示一定的信息"。

"条"指对光线反射率较低的部分（一般表现为深色，多用黑色），"空"指对光线反射率较高的部分（一般表现为浅色，多用白色）。条形码识别是对红外光或可见光进行识别，由扫描器发出的红外光或可见光照射条形码标记，深色的"条"吸收光多、反射光少，浅色的"空"吸收光少、反射光多，反射光进入扫描器后，扫描器根据反射光的强弱将光信号转换为电子脉冲，再由译码器将电子脉冲转换为数据，最后送入计算机系统进行数据处理与管理。

3.1.3 条码的分类

1. 按码制分类

按码制分类，可以把条码分为 UPC 码、EAN 码、25 码、交插 25 码、ITF-14 码、ITF-6 码、39 码（Code 3 of 9）、库德巴码（Codebar）、128 码、93 码等。

2. 按维数分类

按维数分类，可以把条码分为一维条码、二维条码、多维条形码。

3.1.4 一维条码

一维条码只是在一个方向（一般是水平方向）表达信息，而在垂直方向则不表达任何信息，其一定的高度通常是为了便于阅读器的对准（见图 3-3）。一维条码的应用可以提高信息录入的速度，减少差错率，可直接显示内容为英文、数字、简单符号。但一维条码的存储数据量不多，主要依靠计算机中的关联数据库，在没有数据库和不便联网的地方使用受用较大限制；保密性能不高；损

图 3-3　一维条码

污后可读性差。

按照应用,一维条码又可分为:商品条码(EAN 码和 UPC 码)和物流条码(128 码、39 码、库德巴(Codebar) 码等)。

3.1.5 二维条码

二维条码技术是在一维条码无法满足实际应用需求的前提下产生的。由于受信息容量的限制,一维条码通常只是对物品进行标识,而二维条码则可以对物品进行详细描述。

所谓对物品的标识,就是给某物品分配一个代码,代码以条码的形式标识在物品上,用来标识该物品,以便自动扫描设备的识读,代码或一维条码本身不表示该产品的描述性信息。

二维条码(2-dimensional bar code)是在水平和垂直方向的二维空间中都存储信息的条码,可直接表示英文、中文、数字、符号、图形等。二维码的特点为:存储数据量大,可用扫描仪直接读取内容,无须另接数据库;保密性高(可加密);安全级别最高时,损污 50% 仍可读取完整信息。

信息容量大、安全性高、读取率高、错误纠正能力强等特性是二维条码的最主要特点。

二维条码通常分为以下两种类型:

① 行排式二维条码,又称堆积式二维条码或层排式二维条码。行排式二维条码的编码原理建立在一维条码基础之上,按需要堆积成两行或多行。由于行数的增加,需要对行进行判定,其译码算法与软件也不完全相同于一维条码。有代表性的行排式二维条码有 CODE49、CODE 16K、PDF417 等,如图 3-4 所示。

四一七条码

CODE49

CODE16K

图 3-4　行排式二维条码

层排式二维条码可通过线性扫描器逐层实现译码,也可通过照相和图像处理进行译码。

② 矩阵式二维条码,又称棋盘式二维条码。矩阵式二维条码是在一个矩形空间通过黑、白像素在矩阵中的不同分布进行编码。在矩阵相应元素位置上,用点(方点、圆点或其他形状)的出现表示二进制"1",点的不出现表示二进制的"0",点的排列组合确定了矩阵式二维条码所代表的意义。

QR Code 、Data Matrix、Maxi Code、Code One、汉信码等都是矩阵式二维条码,如图 3-5 所示。绝大多数矩阵式二维条码必须采用照相方法识读。

Code One

12345678901234567890012
Data Matrix

Code码

图 3-5　矩阵式二维条码

3.1.6　二维条码与一维条码的比较

二维条码除了左右（条宽）的粗细及黑白线条有意义外，上下的条高也有意义。与一维条码相比，由于左右（条宽）上下（条高）的线条皆有意义，故可存放的信息量比较大。从符号学的角度讲，二维条码和一维条码都是信息表示、携带和识读的手段。但从应用角度讲，尽管在一些特定场合我们可以选择其中的一种来满足我们的需要，但它们的应用侧重点是不同的：一维条码用于对"物品"进行标识，二维条码用于对"物品"进行描述。

📖 知识拓展

目前我们生活中接触最多的一维条码是 EAN-13 条码，商场和超市里琳琅满目的商品都采用了 EAN-13 条码，它由 13 位数字组成，其中前 3 位数字为前缀码。当前最流行的二维条码则是 QR 码，QR 码是由日本 Denso 公司于 1994 年 9 月研制的一种矩阵二维码符号，它具有超高速、全方位识读、信息容量大、可表示中国汉字、保密防伪性强、可靠性高等特点。我国唯一一个完全拥有自主知识产权的二维条码则是由中国物品编码中心自主研发的汉信码，它在汉字表示方面具有明显的优势，支持 GB 18030 大字符集中规定的 160 万个汉字信息字符，汉字表示信息效率更高。

大家可以上中国物品编码中心网站详细了解各种条码的标准，中国物品编码中心网址：http://www.ancc.org.cn。

3.2　RFID 系统

RFID（Radio Frequency Identification），即射频识别，俗称电子标签。它是一种非接触式的自动识别技术，通过射频信号自动识别目标对象并获取相关数据，识别工作无须人工干预，也无须识别系统与特定目标之间建立机械或光学接触，可工作于多种恶劣环境。RFID 技术可识别高速运动物体并可同时识别多个对象，操作快捷方便。

3.2.1　RFID 系统的组成

一个完整的 RFID 系统是由阅读器（Reader）、应答器（Transponder）即电子标签（Tag）、应用管理系统三个部分组成，如图 3-6 所示。

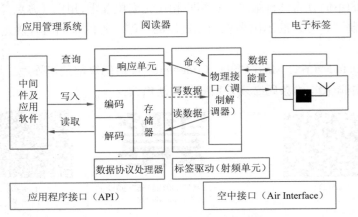

图 3-6　RFID 系统的组成结构

1．阅读器

阅读器是一个获取（有时候也可以写入）和处理电子标签内存储数据的设备。它通常由天线、耦合模块、收发模块、控制模块和接口单元组成。

2．电子标签

电子标签是一个微型的无线收发装置，由天线、耦合元件及芯片组成，每个标签具有唯一的电子编码 UID（Unique Identifier），附着在物体上标识目标对象。

3．应用管理系统

应用管理系统是应用层软件，主要把收集的数据进一步处理，并为人们所使用。

3.2.2 RFID 系统的工作原理

RFID 系统的工作原理如图 3-7 所示。由阅读器通过发射天线发送特定频率的射频信号，当电子标签进入有效工作区域时产生感应电流，从而获得能量，电子标签被激活，使得电子标签将自身编码信息通过内置射频天线发送出去（无源标签或被动标签）；或者由电子标签主动发送某一频率的信号（有源标签或主动标签）。阅读器的接收天线接收到从标签发送来的调制信号，经天线调节器传送到阅读器信号处理模块，经解调和解码后将有效信息送至后台主机系统进行相关的处理；主机系统根据逻辑运算识别该标签的身份，针对不同的设定做出相应的处理和控制，最终发出指令信号控制阅读器完成相应的读写操作。

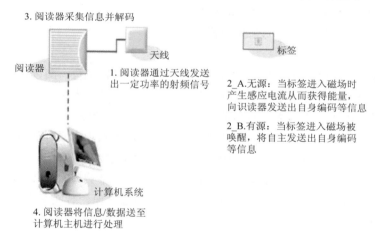

图 3-7 RFID 系统的工作原理

3.2.3 RFID 系统的分类

RFID 按应用频率的不同分为低频（LF）、高频（HF）、超高频（UHF）、微波（MW），相对应的代表性频率分别为：低频 135 kHz 以下、高频 13.56 MHz、超高频 860 M ～ 960 MHz、微波 2.4 GHz、5.8 GHz。工作频率不仅决定了 RFID 系统工作原理、识别距离，还决定了电子标签和阅读器实现的难易程度及设备的成本。

RFID 按照电子标签能源的供给方式分为无源 RFID、有源 RFID 以及半有源 RFID。无源 RFID 电子标签没有内装电池，读写距离近，价格低；有源 RFID 可以提供更远的读写距离，但是需要内装电池供电，成本要高一些，适用于远距离读写的应用场合；半有源 RFID 产品，结合有源 RFID 产品及无源 RFID 产品的优势，部分依靠电池工作，利用低频近距离精确定位，微波远距离识别和上传数据。

RFID 依据封装形式的不同可分为信用卡标签、线形标签、纸状标签、玻璃管标签、圆形标签及特殊用途的异形标签等。

3.2.4 RFID 系统的应用

自 20 世纪 80 年代以来，RFID 技术开始得到很广泛的运用，并且逐渐开始走向成熟。尤其近年来，随着物联网产业的快速发展，RFID 技术得到了更加广阔的发展空间。目前，随着人们对射频识别技术的认可，RFID 技术也在深入更多的领域。

RFID 系统比较常见的应用有以下几种。

1．通道管理

通道管理包括人员和车辆或者物品，实际上就是对进出通道的人员或物品通过识别和确认，决定是否放行，并进行记录，同时对不允许进出的人员或物品进行报警，以实现更加严密的管理，我们常见的门禁、图书管理、超市防盗、无人值守的停车场管理系统等都属于通道管理。

2．数据采集与身份确认系统

数据采集系统是使用带有 RFID 阅读器的数据采集器采集电子标签上的数据，或对电子标签进行读写，实现数据采集和管理，如我们常用的身份证识别系统、消费管理系统、社保卡、银行卡、考勤系统等都属于数据的采集和管理。

3．定位系统

定位系统用于自动化管理中对车辆、人员、生产物品等进行定位。阅读器放置在指定空间、移动的车辆、轮船上或者自动化流水线中，电子标签放在移动的人员、物品、物料、半成品、成品上，阅读器一般通过无线或者有线的方式连接到主信息管理系统，系统对读取电子标签的信息进行分析判断，确定人或物品的位置和其他信息，从而实现自动化管理。常见的应用如：博物馆物品定位、矿井人员定位、生产线自动化管理、码头物品管理等。

RFID 技术目前广泛应用于通信传输、工业自动化、商业自动化、交通运输控制管理和身份认证等多个领域，而在仓储物流管理、生产过程制造管理、智能交通、网络家电控制等方面也有较大的发展空间。

扫一扫

知识拓展

RFID 技术相较于传统的条形码技术具有以下优势：RFID 阅读器可以同时识读多个电子标签；RFID 电子标签体积更小型化、形态更多样化；RFID 电子标签抗污染能力更强；RFID 电子标签可读可写、可重复使用；RFID 阅读器可以进行穿透性和无屏障阅读；RFID 电子标签的存储容量更大、安全性更高。但是，由于条形码成本较低，制作容易，具有完善的标准体系，已经成为目前应用最为广泛的一种自动识别技术。条形码技术与 RFID 技术两者并不是技术的进阶，应该说技术上各有优势，短时间内一种技术并不会完全取代另一种技术。

扫描二维码获取更多有关 RFID 技术的知识。

3.3　传感器技术

传感器技术是物联网体系结构中感知层的核心技术之一，作为物联网中信息获取的重要手段，传感器技术与通信技术和计算机技术一起构成信息技术的三大支柱。

3.3.1　传感器的概念

传感器在国家标准 GB/T 7665—2005 中的定义是："能感受规定的被测量件并按照一定的规律（数学函数法则）转换成可用信号的器件或装置，通常由敏感元件和转换元件组成"。

国际电工委员会（International Electrotechnical Committee，IEC）对传感器的定义为："传感器是测量系统中的一种前置部件，它将输入变量转换成可供测量的信号"。

传感器在新韦式大词典中定义为："从一个系统接收功率，通常以另一种形式将功率送到第二个系统中的器件"。

从上述定义可以看出，传感器是一种把特定的被测信息（包括物理量、化学量等）按一定规律转换成某种可用信号输出的器件或装置，其实质是信号在不同能量形式之间的转换。这里的"可用信号"是指便于处理、传输的信号。目前，传感器转换后的信号大多为电信号，因此，从狭义角度，传感器是一种能将外界非电信号转换成电信号输出的器件。而从广义角度，则可认为传感器是在电子检测控制设备输入部分中起检测信号作用的器件。

传感器的基本特性包括静态特性和动态特性。传感器的静态特性是指对于静态的输入信号，传感器的输出量与输入量之间的相互关系，其主要参数包括线性度、灵敏度、重复性、迟滞性、稳定性、漂移、静态误差等。因为输入量和输出量都和时间无关，所以它们之间的关系，即传感器的静态特性可用一个不含时间变量的代数方程，或以输入量作横坐标，把与其对应的输出量作纵坐标而画出的特性曲线来描述。动态特性指传感器在输入变化时它的输出特性，常用传感器对某些标准输入信号的响应来表示，最常用的标准输入信号包括阶跃信号和正弦信号，所以传感器的动态特性常用阶跃响应和频率响应来表示。

人们为了从外界获取信息，必须借助于感觉器官，相应的，物联网为了收集各种信息，也需要借助于各种传感器，两者在功能上存在着一定的对应关系：

- 视觉——光敏传感器
- 听觉——声敏传感器
- 嗅觉——气敏传感器
- 味觉——化学传感器
- 触觉——压敏、温敏、流体传感器

此外，传感器在一些方面比人的感觉功能优越，例如人类没有能力感知紫外或红外线辐射，感觉不到电磁场、无色无味的气体等。

3.3.2　传感器的组成

如图 3-8 所示，传感器一般由以下四个部分组成：敏感元件、转换元件、信号调节转换电路和辅助电源。其中，敏感元件是指直接感受被测量并按一定规律转换成与被测量有一定关系的易于变换成电量的其他量的元件。转换元件又称变换器，是传感器的核心，指能将敏感元件感受到的非电量转换成适于传输或测量的电信号的部分。信号调节转换电路对转换元件输出的电量进行放大、运算调制等处理，将其变成便于显示、记录、控制和处理的有用电信号，包括电桥电路、高阻抗输入电路、脉冲调宽电路、振荡电路等。辅助电源则用于对上述部分进行供电。

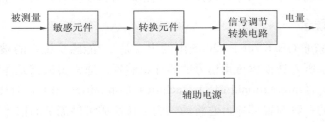

图 3-8　传感器的组成

在上述四个部分中，敏感元件和转换元件是传感器的核心部分。不同的传感器其组成往往并不相同，并非所有传感器都包括这四个部分。例如：热电偶只有敏感元件，感受被测量时直接输出电动势；压电式加速度传感器由敏感元件和转换元件组成，没有信号调节转换电路；电容式位移传感器由敏感元件和信号调节转换电路组成，没有转换元件。

3.3.3　传感器的分类

传感器的分类种类繁多，根据不同的方式有不同的分类，下面介绍几种常见的分类。

1. 按测量对象分类

根据测量对象进行分类，如测量对象分别为温度、压力时，则相应的传感器称为温度传感器、压力传感器。

这种分类方法把种类最多的物理量分为基本量和派生量两大类。例如力可视为基本物理量，从力可派生出压力、重力，应力、力矩等派生物理量。当我们需要测量上述物理量时，只要采用力传感器就可以了。所以了解基本物理量和派生物理量的关系，对于用何种传感器是很有帮助的。

这种分类方法明确地说明了传感器的用途，给使用者提供了方便，容易根据测量对象来选择所需要的传感器，缺点是这种分类方法将原理互不相同的传感器归为一类，因此，对掌握传感器的一些基本原理及分析方法是不利的。

2. 按工作原理分类

工作原理指传感器工作时所依据的物理效应、化学效应和生物效应等机理。可分为电阻式、电容式、电感式、压电式、电磁式、磁阻式、光电式、压阻式、热电式、核辐射式、半导体式传感器等。

这种分类方法的优点是便于从业人员从原理与设计上进行分析研究，避免了传感器的名目过于繁多；缺点是用户选用传感器时会感到不够方便。

3. 按传感器的结构参数在信号变换过程中是否发生变化分类

按传感器的结构参数在信号变换过程中是否发生变化，可分为物性型传感器和结构型传感器。

物性型传感器：在实现信号变换的过程中，结构参数基本不变，而是利用某些物质材料（敏感元件)本身的物理或化学性质的变化而实现信号变换的。这种传感器一般没有可动结构部分,易小型化,故也被称作固态传感器,它是以半导体、电介质、铁电体等作为敏感材料的固态器件,例如热电偶、压电石英晶体、热电阻以及各种半导体传感器。

结构型传感器:依靠传感器机械结构的几何形状或尺寸的变化而将被测量转换成相应的电阻、电感、电容等物理量的变化,从而实现信号变换,例如电容式、电感式、应变片式传感器。

4. 按输出信号的性质分类

模拟传感器:将被测非电量转换成连续变化的电压或电流。

数字传感器:能直接将非电量转换为数字量,可以直接用于数字显示和计算,可直接配合计算机,具有抗干扰能力强、适宜距离传输等优点。

膺数字传感器:将被测量的信号量转换成频率信号或短周期信号的输出(包括直接或间接转换)。

开关传感器:当一个被测量的信号达到某个特定的阈值时,传感器相应地输出一个设定的低电平或高电平信号。

5. 按传感器与被测对象是否接触分类

按传感器与被测对象是否接触,可分为接触式传感器和非接触式传感器。

接触式传感器的优点是传感器与被测对象视为一体,传感器的标定无须在使用现场进行;缺点是传感器与被测对象接触会对被测对象的状态或特性不可避免地产生或多或少的影响。非接触式则没有这种影响。

非接触式传感器可以避免因传感器介入而使被测量受到影响,提高测量的准确性,同时还可使传感器的使用寿命增加。但是非接触式传感器的输出会受到被测对象与传感器之间介质或环境的影响,因此传感器标定必须在使用现场进行。

6. 按是否需要外接能源分类

按是否需要外接能源,可分为能量转换型传感器和能量控制型传感器。

能量转换型(有源式):在进行信号转换时不需要另外提供能量,直接由被测对象输入能量,把输入信号能量变换为另一种形式的能量输出使其工作。有源传感器类似一台微型发电机,它能将输入的非电能量转换成电能输出,传感器本身无须外加电源,信号能量直接从被测对象取得,例如电磁式、电动式、热电偶传感器等。

能量控制型(无源式):在进行信号转换时,需要先供给能量,即从外部供给辅助能源使传感器工作。对于无源传感器,被测非电量只是对传感器中的能量起控制或调制作用,得通过测量电路将它变为电压或电流量,然后进行转换、放大,以推动指示或记录仪表,例如电阻式、电容式、电感式、涡流式传感器等。

7. 按传感器构成分类

基本型传感器:是一种最基本的单个变换装置。

组合型传感器:是由不同单个变换装置组合而构成的传感器。

应用型传感器:是基本型传感器或组合型传感器与其他机构组合而构成的传感器。

例如热电偶是基本型传感器,把它与红外线辐射转为热量的热吸收体,组合成红外线辐射传感器,则是一种组合传感器,把这种组合传感器应用于红外线扫描设备中,就是一种应用型传感器。

8．按作用形式分类

按作用形式可分为主动型传感器和被动型传感器。

主动型传感器对被测对象能发出探测信号，能检测探测信号在被测对象中所产生的变化，或者由探测信号在被测对象中产生某种效应而形成信号。主动型传感器分为作用型和反作用型，传感器检测探测信号变化方式的称为作用型，检测产生响应而形成信号方式的称为反作用型。例如：雷达与无线电频率范围探测器是作用型，光声效应分析装置与激光分析器是反作用型。

被动型传感器只是接收被测对象本身产生的信号，例如红外辐射温度计、红外摄像装置等。

3.3.4 常用传感器

在物联网时代，传感器肩负起了"五官"的使命，感知万物。当前传感器发展处于多领域全面开花状态，种类繁多，功能各异。下面介绍几种在物联网应用中较为常用的传感器。

1．温度传感器

温度传感器使用范围广，数量多，是物联网中的一种常用传感器。温度传感器的发展大致经历了以下三个阶段：传统的分立式、模拟集成及新型的智能温度传感器。新型温度传感器正向智能化及网络化的方向发展。

凡是需要对温度进行持续监控、达到一定要求的地方都需要温度传感器。在智能家居中，温度传感器常用于探测室内温度变化。它能感受温度并转换成可用输出信号。当温度高时，空调开端制冷，当温度低时，空调开端制热。实际使用过程中，使用到温度传感器的地方也经常会使用到湿度传感器，同时装两个很不方便也很占地方，所以两者经常集成在一起，形成温湿度传感器。

温度传感器按传感器与被测对象的接触方式可分为两大类：一类是接触式温度传感器，另一类是非接触式温度传感器。

接触式温度传感器的测温元件与被测对象要有良好的热接触，通过热传导及对流原理达到热平衡，这时的示值即为被测对象的温度。这种测温方法精度比较高，并可测量物体内部的温度分布。但对于运动的、热容量比较小的及对感温元件有腐蚀作用的对象，这种方法将会产生很大的误差。

非接触测温的测温元件与被测对象互不接触。常用的是辐射热交换原理。此种测温方法的主要特点是可测量运动状态的小目标及热容量小或变化迅速的对象，也可测温度场的温度分布，但受环境的影响比较大。

2．脉搏传感器

脉搏传感器，指的是用来检测类似心率的机器，一般常见的类型主要是以光电为主，有分体式和一体式两种，发射部分采用可见光和红外光。

常用的脉搏传感器主要利用特定波长的红外线对血液变化的敏感性原理。由于心脏的周期性跳动，引起被测血管中的血液在流速和容积上的规律性变化，经过信号的降噪和放大处理，计算出当前的心跳次数。

根据不同人的肤色深浅不同，同一款心律传感器发出的红外线穿透皮肤和经皮肤反射的强弱也不同，这造成了测量结果方面一定的误差。通常情况下一个人的肤色越深，则红外线就越难从血管反射回来，从而对测量误差的影响就越大。脉搏传感器的原理如图3-9所示。

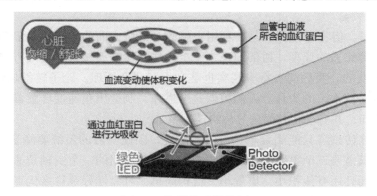

图 3-9　脉搏传感器的原理

所以大多数手环和手表测出的心率基本都不是完全准确的，但基本能正确地反映出心率变化趋势，对于普通人的运动心率监测来说已经够用。脉搏传感器主要应用在各种可穿戴设备和智能医疗器械上。典型应用是 iWatch。

3. 烟雾传感器

烟雾传感器（见图3-10）就是通过监测烟雾的浓度来实现火灾防范的，是一种技术先进、工作稳定可靠的传感器，被成熟运用到各种消防报警系统中。烟雾传感器根据探测原理的不同，常用的有化学探测和光学探测两种。前者利用了放射性镅241元素，在电离状态下产生的正、负离子在电场作用下定向运动产生稳定的电压和电流。一旦有烟雾进入传感器，影响了正、负离子的正常运动，使电压和电流产生了相应变化，通过计算就能判断烟雾的强弱。后者通过光敏材料，正常情况下光线能完全照射在光敏材料上，产生稳定的电压和电流。而一旦有烟雾进入传感器，则会影响光线的正常照射，从而产生波动的电压和电流，通过计算也能判断出烟雾的强弱。

图 3-10　烟雾传感器

烟雾传感器广泛应用在火情报警和安全探测等领域。主要与弱电控制系统配合使用，也是智能家居和安防主机的最佳配备产品。

4. 距离传感器

距离传感器有多种结构原理，即使用途相同的距离传感器也有多种不同的构造和原理。常用的测量方法称为飞行时间法。通过发射并测量特定的能量波束从发射到被物体反射回来的时间，并由这个时间间隔来推算与物体之间的距离。这个特定的能量波束可以是超声波、激光、红外光、雷达等。这种传感器的测量精度很高，可以精确测量距离。

距离传感器自投放使用以来，在社会各个应用方面都得到普及，如：防盗安防产品，工业物位、料位检测，汽车防追尾预警、雾天防撞，机场空中飞鸟探测驱赶、智能化控制等。

将红外距离传感器技术应用在监控摄像机上，可以实现各种检测功能，如入侵检测，通过视频分析还可以实现无数的其他应用程序，如违规停车、机动巡逻对象、围栏攀爬的监测等。

5. 角速度传感器

角速度传感器，俗称陀螺仪，是一种用来感测与维持方向的装置，基于角动量不灭的理论设计。角速度传感器的原理，通俗地说，一个旋转物体的旋转轴所指的方向在不受外力影响时，是不会改变的。我们骑自行车其实也是利用了这个原理。轮子转得越快越不容易倒，因为车轴有一股保持水平的力量。人们根据这个道理，制造出角速度传感器，用多种方法读取轴所指示的方向，并自动将数据信号传给控制系统。

单轴的角速度传感器只能测量单一方向的改变，因此一般的系统要测量 X、Y、Z 轴三个方向的改变，就需要三个单轴的角速度传感器。目前通用的一个三轴角速度传感器就能替代三个单轴的，而且还有体积小、质量小、结构简单、可靠性好等诸多优点，因此各种形态的三轴角速度传感器是目前主要的发展趋势。

最常见的角速度传感器使用场景是手机，如赛车类手游就是通过角速度传感器的作用产生汽车左右摇摆的交互模式。除了手机，角速度传感器还被广泛应用在 AR/VR 以及无人机领域。

实际使用过程中，使用到角速度传感器的地方也经常会使用到加速度传感器。加速度传感器有两种：一种是角加速度传感器，由角速度传感器改进而成；另一种是线加速度传感器。在要求相对不高的场合，一个角速度传感器，可以做到既能测量倾角，也可以测量加速度。

6. 气压传感器

气压传感器是一种能够测量绝对大气压强的元件，主要是通过敏感元件将大气压转换成可被电路处理的电量值。大气层就如同裹在地球表面上的"被子"，大气压是由空气的重力产生的，在不同的海拔高度时，大气压强也会随之发生变化。气压传感器除了直接测量气压的大小外，另外一个作用就是间接地对海拔高度进行测量。

很多空气的气压传感器的主要部件为变容式硅膜盒。当该变容硅膜盒外界大气压力发生变化时产生顶针动作，单晶硅膜盒随着发生弹性变形，从而引起硅膜盒平行板电容器电容量的变化来控制气压传感器。

在应用方面，气压传感器不论是在室内还是室外环境中都能够使无人机、智能手机、可穿戴设备以及其他移动设备精准地识别高度变化。

扫一扫

知识拓展

我们每天使用的智能手机中就配备了不少的传感器。如：重力传感器可以感受手机在变换姿势时重心的变化，从而实现手机横竖屏切换、翻转静音等功能。光线传感器可以根据光线强度自动调整屏幕亮度以适应人眼。加速度传感器可以监测手机拍照时手部的抖动，并根据这些抖动自动调节摄像头的聚焦。陀螺仪可以测量沿一个轴或几个轴运动的角速度，以判别手机的运动状态，从而跟踪并捕捉手机在三维空间的完整运动，多应用在一些大型的手机射击游戏中。

扫描二维码获取更多有关传感器技术的知识。

3.4 无线传感器网络

无线传感器网络（Wireless Sensor Network，WSN）是由部署在监测区域内大量传感器节点相互通信形成的多跳自组织网络系统，是物联网底层网络的重要技术形式。随着无线通信、传感器技术、嵌入式应用和微电子技术的日趋成熟，无线传感器网络可以在任何时间、任何地点、任何环境条件下获取人们所需信息，为物联网的发展奠定基础。

3.4.1 无线传感器网络的发展

无线传感器网络就是由部署在监测区域内大量的廉价微型传感器节点组成，通过无线通信方式形成的一个多跳的自组织的网络系统，其目的是协作地感知、采集和处理网络覆盖区域中被感知对象的信息，并发送给观察者。传感器、感知对象和观察者构成了无线传感器网络的三个要素。

无线传感器网络的发展历程分为以下三个阶段：传感器、无线传感器、无线传感器网络。

第一阶段：最早可以追溯至越战时期使用的传统的传感器系统。当年美越双方在密林覆盖的"胡志明小道"进行了一场血腥较量，"胡志明小道"是胡志明部队向南方游击队输送物资的秘密通道，美军对其进行了狂轰滥炸，但效果不大。后来，美军投放了 2 万多个"热带树"传感器。"热带树"实际上是由震动和声响传感器组成的系统，它由飞机投放，落地后插入泥土中，只露出伪装成树枝的无线电天线，因而被称为"热带树"。只要对方车队经过，传感器探测出目标产生的震动和声响信息，自动发送到指挥中心，美机立即展开追杀，总共炸毁或炸坏 4.6 万辆卡车。

第二阶段：20 世纪 80 年代至 90 年代之间。主要是美军研制的分布式传感器网络系统、海军协同交战能力系统、远程战场传感器系统等。这种现代微型化的传感器具备感知能力、计算能力和通信能力。因此在 1999 年，商业周刊将传感器网络列为最具影响的 21 项技术之一。

第三阶段：21 世纪开始至今，也就是 911 事件之后。这个阶段的传感器网络技术特点在于网络传输自组织、节点设计低功耗。除了应用于反恐活动以外，在其他领域更是获得了很好的应用，所以 2002 年美国国家重点实验室——橡树岭实验室提出了"网络就是传感器"的论断。

无线传感器网络作为一种新的计算模式正在推动科技发展和社会进步，关系到国家经济和社会安全，已成为国际竞争的制高点，引起了世界各国军事部门、工业界和学术界的极大关注。

3.4.2 无线传感器网络的结构

如图 3-11 所示，典型的无线传感器网络通常由传感器节点、汇聚节点和管理节点组成。大量传感器节点随机部署在监测区域内部或附近，能够通过自组织方式构成网络。传感器节点监测的数据沿着其他传感器节点逐跳地进行传输，在传输过程中监测数据可能被多个节点处理，经过多跳后路由到汇聚节点，最后通过互联网或卫星到达管理节点。用户通过管理节点对传感器网络进行配置和管理，发布监测任务以及收集监测数据。

传感器节点由传感器模块、处理器模块、无线通信模块和能量供应模块四部分组成，传感器模块负责监测区域内信息的采集和数据转换；处理器模块负责控制整个传感器节点的操作，存储和处理本身采集的数据以及其他节点发来的数据；无线通信模块负责与其他传感器节点进行无线通信，交换控制信息和收发采集数据；能量供应模块为传感器节点提供运行所需的能量，通常采用微型电池。

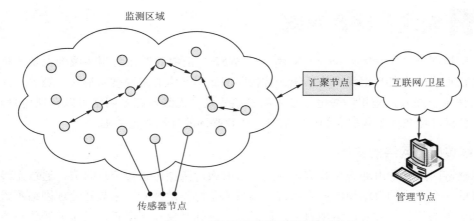

图 3-11　无线传感器网络的体系结构

传感器节点协作地感知、采集和处理网络覆盖区域中感知对象的信息，并发送到汇聚节点。各模块通过无线通信方式形成一个多跳的自组织网络系统，传感器节点采集到的数据沿着其他传感器节点逐跳传输到汇聚节点。一个无线传感器网络通常有数量众多的体积小、成本低的传感器节点。从网络功能上看，每个传感器节点除了进行本地信息收集和数据处理外，还要对其他节点转发来的数据进行存储、管理和融合，并与其他节点协作完成一些特定任务。

汇聚节点的处理能力、存储能力和通信能力相对较强，它是连接传感器网络与 Internet 等外部网络的网关，实现两种协议间的转换，同时向传感器节点发布来自管理节点的监测任务，并把无线传感器网络收集到的数据转发到外部网络上。汇聚节点既可以是一个具有增强功能的传感器节点，有足够的能量供给和更多的内存与计算资源，也可以是没有监测功能仅带有无线通信接口的特殊网关设备。

管理节点用于动态地管理整个无线传感器网络。传感器网络的所有者通过管理节点访问无线传感器网络的资源。

无线传感器网络的网络拓扑结构是组织无线传感器节点的组网技术，有多种形态和组网方式。

1. 平面网络结构

平面网络结构是无线传感器网络中最简单的一种拓扑结构，所有节点为对等结构，具有完全一致的功能特性，也就是说每个节点均包含相同的 MAC、路由、管理和安全等协议。这种网络拓扑结构简单，易维护，具有较好的健壮性，事实上就是一种 Ad Hoc 网络结构形式。由于没有中心管理节点，故采用自组织协同算法形成网络，其组网算法比较复杂。

2. 分级网络结构

分级网络结构是无线传感器网络中平面网络结构的一种扩展拓扑结构，网络分为上层和下层两个部分：上层为中心主干节点；下层为一般传感器节点。通常网络可能存在一个或多个主干节点，主干节点之间或一般传感器节点之间采用的是平面网络结构。具有汇聚功能的主干节点和一般传感器节点之间采用的是分级网络结构。所有主干节点为对等结构，主干节点和一般传感器节点有不同的功能特性，也就是说每个主干节点均包含相同的 MAC、路由、管理和安全等功能协议，而一般传感器节点可能没有路由、管理及汇聚处理等功能。这种分级网络通常以簇的形式存在，按功能分为簇首和成员节点。这种网络拓扑结构扩展性好，便于集中管理，可以降低系统建设成本，提高网络覆盖率和可靠性，但是集中管理开销大，硬件成本高，一般传感器节点之间可能不能够直接通信。

3. 混合网络结构

混合网络结构是无线传感器网络中平面网络结构和分级网络结构的一种混合拓扑结构，网络主干节点之间及一般传感器节点之间都采用平面网络结构，而网络主干节点和一般传感器节点之间采用分级网络结构。这种网络拓扑结构和分级网络结构不同的是一般传感器节点之间可以直接通信，可不需要通过汇聚主干节点来转发数据。这种结构同分级网络结构相比较，支持的功能更加强大，但所需硬件成本更高。

4. Mesh 网络结构

Mesh 网络结构是一种新型的无线传感器网络结构，较前面的传统无线网络拓扑结构具有一些结构和技术上的不同。从结构来看，Mesh 网络是规则分布的网络，不同于完全连接的网络结构，通常只允许和节点最近的邻居通信。网络内部的节点一般都是相同的，因此 Mesh 网络也称为对等网。

通常 Mesh 网络结构节点之间存在多条路由路径，网络对于单点或单个链路故障具有较强的容错能力和健壮性。Mesh 网络结构最大的优点就是尽管所有节点都是对等的地位，且具有相同的计算和通信传输功能，但某个节点可被指定为簇首节点，而且可执行额外的功能。一旦簇首节点失效，另外一个节点可以立刻补充并接管原簇首那些额外执行的功能。

3.4.3 无线传感器网络的特点

无线传感器网络是一种以测控为目的的网络，具有以下特点：

1. 大规模

为了获取精确信息，在监测区域通常部署大量传感器节点，可能达到成千上万，甚至更多。无线传感器网络的大规模性包括两方面的含义：一方面是传感器节点分布在很大的地理区域内，如在原始大森林采用无线传感器网络进行森林防火和环境监测，需要部署大量的传感器节点；另一方面，传感器节点部署很密集，在面积较小的空间内，密集部署了大量的传感器节点。无线传感器网络的大规模性具有如下优点：通过不同空间视角获得的信息具有更大的性价比；通过分布式处理大量的采集信息能够提高监测的精确度，降低对单个节点传感器的精度要求；大量冗余节点的存在，使得系统具有很强的容错性能；大量节点能够增大覆盖的监测区域，减少洞穴或者盲区。

2. 自组织

在无线传感器网络应用中，通常情况下传感器节点被放置在没有基础结构的地方，传感器节点的位置不能预先精确设定，节点之间的相互邻居关系预先也不知道，如通过飞机播撒大量传感器节点到面积广阔的原始森林中，或随意放置到人不可到达或危险的区域。这样就要求传感器节点具有自组织的能力，能够自动进行配置和管理，通过拓扑控制机制和网络协议自动形成转发监测数据的多跳无线网络系统。在无线传感器网络使用过程中，部分传感器节点由于能量耗尽或环境因素造成失效，也有一些节点为了弥补失效节点、增加监测精度而补充到网络中，这样在无线传感器网络中的节点个数就动态地增加或减少，从而使网络的拓扑结构随之动态的变化。无线传感器网络的自组织性要能够适应这种网络拓扑结构的动态变化。

3. 动态性

无线传感器网络的拓扑结构可能因为下列因素而改变：环境因素或电能耗尽造成的传感器节点故障或失效；环境条件变化可能造成无线通信链路带宽变化，甚至时断时通；无线传感器网络的传感器、感知对象和观察者这三要素都可能具有移动性；新节点的加入。这就要求无线传感器网络系统要能够适应这种变化，具有动态的系统可重构性。

4. 可靠性

无线传感器网络特别适合部署在恶劣环境或人类不宜到达的区域，节点可能工作在露天环境中，遭受日晒、风吹、雨淋，甚至遭到人或动物的破坏。传感器节点往往采用随机部署，如通过飞机撒播或发射炮弹到指定区域进行部署。这些都要求传感器节点非常坚固，不易损坏，适应各种恶劣环境条件。由于监测区域环境的限制以及传感器节点数目巨大，不可能人工"照顾"每个传感器节点，网络的维护十分困难甚至不可维护。无线传感器网络的通信保密性和安全性也十分重要，要防止监测数据被盗取和获取伪造的监测信息。因此，无线传感器网络的软硬件必须具有健壮性和容错性。

5. 以数据为中心

无线传感器网络是任务型的网络，脱离无线传感器网络谈论传感器节点没有任何意义。无线传感器网络中的节点采用节点编号标识，节点编号是否需要全网唯一取决于网络通信协议的设计。由于传感器节点随机部署，构成的无线传感器网络与节点编号之间的关系是完全动态的，表现为节点编号与节点位置没有必然联系。用户使用无线传感器网络查询事件时，直接将所关心的事件通告给网络，而不是通告给某个确定编号的节点。网络在获得指定事件的信息后汇报给用户。这种以数据本身作为查询或传输线索的思想更接近于自然语言交流的习惯。所以通常说无线传感器网络是一个以数据为中心的网络。

3.4.4 无线传感器网络的应用

无线传感器网络是当前信息领域中研究的热点之一，可用于特殊环境实现信号的采集、处理和发送，在现实生活中得到了越来越广泛的应用。

1. 军事领域的应用

信息化战争中，战场信息的及时获取和反应对于整个战局的影响至关重要。由于无线传感器网络具有生存能力强、探测精度高、成本低等特点，非常适合应用于恶劣的战场环境中，执行战场侦查与监控、目标定位、战争效能评估、核生化监测以及国土安全保护、边境监视等任务。典型的无线传感器网络应用方式是用飞行器将大量微传感器节点散布于战场地域，并自组成网，将战场信息边收集、边传输、边融合。系统软件通过解读传感器节点传输的数据内容，将它们与诸如公路、建筑、天气、单元位置等相关信息，以及其他无线传感器网络的信息相互融合，向战场指挥员提供一个动态的、实时或近实时更新的战场信息数据库，为各作战平台更准确地制定战斗行动方案提供情报依据和服务，使情报侦察与获取能力产生质的飞跃。

2. 工业生产中的应用

在传统的煤矿瓦斯监测系统中，由于监测系统的设施、装置等位置比较固定，因而使瓦斯探头不能随着采掘的进度跟进到位，从而使得监测系统往往形同虚设，再加上矿井下联网有一定的难度，使有关人员无法进行有效的监管，以致事故无法预警。所以设计思想是要让瓦斯监测系统能够随着采掘的进度跟进到位，能够把井下信息实时、准确地传送到相关人员手中。具体实施方法如下：在坑道中每隔几十米放置一个传感器节点，每个矿工身上也都佩带一个这样的节点，矿工身上佩带的节点和坑道中放置的节点可以自组织成一个大规模的无线传感器网络，在矿井的入口处放置一个具有网关功能的节点作为 Sink 节点，它可以是一个具有增强功能的传感器节点，有足够的能量供给和更多的内存与计算资源，也可以是没有监测功能仅带有无线通信接口的特殊网关设备。Sink 节点连接传感器网络与 Internet 等外部网络，实现两种协议栈之间的通信协议转换，同时发布监测中心的监测任务，并把收集的数据转发到外部网上，最后传至监控中心系统。

3．农业生产中的应用

无线传感器网络特别适用于以下方面的生产和科学研究（见图 3-12）。例如，大棚种植室内及土壤的温度、湿度、光照监测、珍贵经济作物生长规律分析与测量、葡萄优质育种和生产等，可为农村发展与农民增收带来极大的帮助。采用无线传感器网络建设农业环境自动监测系统，用一套网络设备完成风、光、水、电、热和农药等的数据采集和环境控制，可有效提高农业集约化生产程度，提高农业生产种植的科学性。

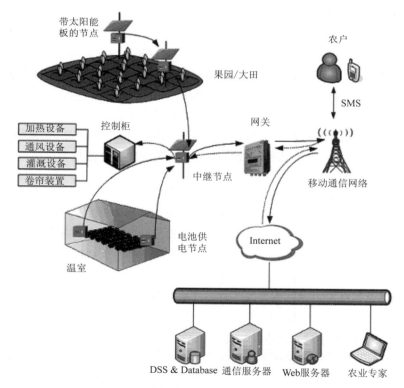

图 3-12 无线传感网在农业生产中的应用

4．环境监测中的应用

随着人们对于环境问题的关注程度越来越高，需要采集的环境数据也越来越多，无线传感器网络的出现为随机性的研究数据获取提供了便利，并且可以避免传统数据收集方式给环境带来的侵入式破坏。比如，英特尔研究实验室研究人员曾经将32个小型传感器连进互联网，以读出缅因州"大鸭岛"上的气候，用来评价一种海燕巢的条件。无线传感器网络还可以跟踪候鸟和昆虫的迁移，研究环境变化对农作物的影响，监测海洋、大气和土壤的成分等。此外，它也可以应用在精细农业中，来监测农作物中的害虫、土壤的酸碱度和施肥状况等。

5．医疗领域的应用

近年来，无线传感器网络在医疗系统和健康护理方面已有很多应用。例如，监测人体的各种生理数据，跟踪和监控医院中医生和患者的行动，以及医院的药物管理等。如果在住院病人身上安装特殊用途的传感器节点，例如心率和血压监测设备，医生就可以随时了解被监护病人的病情，在发现异常情况时能够迅速抢救。

罗彻斯特大学的科学家使用无线传感器创建了一个智能医疗房间，使用微尘来测量居住者的重要征兆（血压、脉搏和呼吸）、睡觉姿势以及每天24小时的活动状况。英特尔也推出了基于无线传感器网络的家庭护理技术。该技术是作为探讨应对老龄化社会的技术项目的一个环节开发的。该系统通过在鞋、家具以家用电器等设备中嵌入半导体传感器，帮助老龄人士、阿尔茨海默氏病患者以及残障人士的家庭生活。利用无线通信将各传感器联网可高效传递必要的信息，从而方便接受护理，而且还可以减轻护理人员的负担。

6．智能交通系统中的应用

智能交通系统是在传统交通体系的基础上发展起来的新型交通系统，它将信息、通信、控制和计算机技术以及其他现代通信技术综合应用于交通领域，并将"人—车—路—环境"有机地结合在一起。在现有的交通设施中增加一种无线传感器网络技术，将能够从根本上缓解困扰现代交通的安全、通畅、节能和环保等问题，同时还可以提高交通工作效率。因此，将无线传感器网络技术应用于智能交通系统已经成为近几年的研究热点。

无线传感器网络在智能交通中还可以用于交通信息发布、电子收费、车速测定、停车管理、综合信息服务平台、智能公交与轨道交通、交通诱导系统和综合信息平台等技术领域。

扫一扫

知识拓展

无线传感器网络经过十多年发展，已经出现了大量的协议，这些协议由于缺乏标准，推广十分困难，对产业化十分不利。面对这种情况，国际标准化组织参与到无线传感器网络的标准制定中来，希望通过共同努力，制定出适用于多行业的、低功耗的、短距离无线自组网协议。其中最出名的就是 IEEE 802.15.4/ZigBee 规范，IEEE 802.15.4 定义了短距离无线通信的物理层及链路层规范，ZigBee 则定义了网络互联、传输和应用规范。此外，互联网标准化组织 IETF 也看到了无线传感器网络的广泛应用前景，加入到相应的标准化制定中。以前很多标准化组织认为 IP 技术过于复杂，不适合低功耗、资源受限的无线传感器网络，因此都是采用非 IP 技术。IETF 和许多研究者发现了存在的这些问题，尤其是 Cisco 的工程师基于开源的 uIP 协议实现了轻量级的 IPv6 协议，证明了 IPv6 不仅可以运行在低功耗资源受限的设备上，而且比 ZigBee 更加简单，彻底改变了大家的偏见，之后基于 IPv6 的无线传感器网络技术得到了迅速发展，IETF 已经完成了一系列的核心标准规范的制定工作。

扫描二维码获取更多有关无线传感器网络的知识。

3.5　　生物识别技术

3.5.1　指纹技术

指纹是指人的手指末端正面皮肤上凸凹不平产生的纹线。纹线有规律的排列形成不同的纹型。纹线的起点、终点、结合点和分叉点，称为指纹的细节特征点（minutiae）。由于其具有个体差异性、终身不变性，在当前很多物联网设备中指纹技术被用来进行身份识别等功能。如手机可以通过指纹完成解锁、代替功能键、刷银行卡身份验证等，如图 3-13 所示。笔记本式计算机和智能门锁也可以用指纹来验证身份进行开机或开门等操作。指纹识别，也已经几乎成为生物特征识别的代名词。

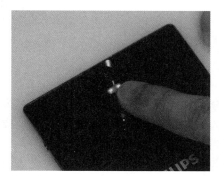

图 3-13　手机指纹识别

指纹识别技术的主要优点为：

① 指纹是人体独一无二的特征，并且它们的复杂度足以提供用于鉴别的足够特征。

② 如果要增加可靠性，只需登记更多的指纹、鉴别更多的手指，最多可以多达十个，而每一个指纹都是独一无二的。

③ 扫描指纹的速度很快，使用非常方便。

④ 读取指纹时，用户必须将手指与指纹采集头相互接触，与指纹采集头直接接触是读取人体生物特征最可靠的方法。

⑤ 指纹采集头可以更加小型化，并且价格会更加的低廉。

指纹识别技术的主要缺点为：

① 某些人或某些群体的指纹特征少，难成像。

② 过去因为在犯罪记录中使用指纹，使得某些人害怕"将指纹记录在案"。实际上现在的指纹鉴别技术都可以不存储任何含有指纹图像的数据，而只是存储从指纹中得到的加密的指纹特征数据。

③ 每一次使用指纹时都会在指纹采集头上留下用户的指纹印痕，而这些指纹痕迹存在被用来复制指纹的可能性。

④ 指纹是用户的重要个人信息，某些应用场合用户担心信息泄露。

指纹识别系统的工作过程如图 3-14 所示，通过指纹采集设备获取所需识别指纹的图像，对采集的指纹图像进行预处理，从预处理后的图像中获取指纹的脊线数据，从指纹的脊线数据中，提取指纹识别所需的特征点，将提取指纹特征（特征点的信息）与数据库中保存的指纹特征逐一匹配，判断是否为相同指纹，完成指纹匹配处理后，输出指纹识别的处理结果。

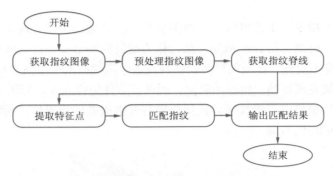

图 3-14　指纹识别系统的工作过程

3.5.2　人脸识别技术

人脸识别技术是指利用分析比较的计算机技术识别人脸。人脸识别是一项热门的计算机技术研究领域，其中包括人脸追踪侦测、自动调整影像放大、夜间红外侦测、自动调整曝光强度等技术。

人脸识别技术是基于人的脸部特征，对输入的人脸图像或者视频流进行判断。首先判断其是否存在人脸，如果存在人脸，则进一步给出每个脸的位置、大小和各个主要面部器官的位置信息。依据这些信息，进一步提取每个人脸中所蕴含的身份特征，并将其与已知的人脸进行对比，从而识别每个人脸的身份。

广义的人脸识别实际包括构建人脸识别系统的一系列相关技术，包括人脸图像采集、人脸定位、人脸识别预处理、身份确认以及身份查找等；而狭义的人脸识别特指通过人脸进行身份确认或者身份查找的技术或系统。

人脸识别技术包含三个部分：

① 人脸检测。人脸检测是指在动态的场景与复杂的背景中判断是否存在面像，并分离出这种面像。一般有参考模板法、人脸规则法、样品学习法、肤色模型法、特征子脸法等。

② 人脸跟踪。人脸跟踪是指对被检测到的面貌进行动态目标跟踪。具体采用基于模型的方法或基于运动与模型相结合的方法。此外，利用肤色模型跟踪也不失为一种简单而有效的手段。

③ 人脸比对。人脸比对是对被检测到的面貌像进行身份确认或在面像库中进行目标搜索。这实际上就是说，将采样到的面像与库存的面像依次进行比对，并找出最佳的匹配对象。所以，面像的描述决定了面像识别的具体方法与性能。

人脸识别系统主要包括四个组成部分，分别为：人脸图像采集及检测、人脸图像预处理、人脸图像特征提取、匹配与识别，如图 3-15 所示。

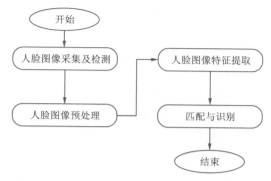

图 3-15 人脸识别系统工作流程

3.5.3 视网膜识别技术

视网膜是一些位于眼球后部十分细小的神经（1 英寸的 1/50），它是人眼感受光线并将信息通过视神经传给大脑的重要器官，它同胶片的功能有些类似，用于生物识别的血管分布在神经视网膜周围，即视网膜四层细胞的最远处。视网膜扫描是采用低密度的红外线去捕捉视网膜的独特特征，血液细胞的唯一模式就因此被捕捉下来。视网膜扫描设备要获得视网膜图像，使用者的眼睛与录入设备的距离应在半英寸之内，并且在录入设备读取图像时，眼睛必须处于静止状态。虽然视网膜扫描的技术含量较高，但视网膜扫描技术可能是最古老的生物识别技术，在 20 世纪 30 年代，通过研究就得出了人类眼球后部血管分布唯一性的理论，进一步的研究表明，即使是孪生子，这种血管分布也是具有唯一性的，除了患有眼疾或者严重的脑外伤外，视网膜的结构形式在人的一生当中都相当稳定。

视网膜识别技术的优点主要有：

① 视网膜是一种极其固定的生物特征，不磨损、不老化、不受疾病影响。

② 使用者无须和设备直接接触。

③ 是一个最难欺骗的系统，因为视网膜不可见，所以不会被伪造。

缺点主要有：

① 未经测试。

② 激光照射眼球的背面可能会影响使用者健康，这需要进一步的研究。

③ 对消费者而言，视网膜技术没有吸引力。

④ 很难进一步降低成本。

3.5.4 虹膜识别技术

虹膜识别技术是基于眼睛中的虹膜进行身份识别，应用于安防设备（如门禁等），以及有高度保密需求的场所。

人的眼睛结构由巩膜、虹膜、瞳孔晶状体、视网膜等部分组成。虹膜是位于黑色瞳孔和白色巩膜之间的圆环状部分，其包含有很多相互交错的斑点、细丝、冠状、条纹、隐窝等的细节特征。而且虹膜在胎儿发育阶段形成后，在整个生命历程中将是保持不变的。这些特征决定了虹膜特征的唯一性，同时也决定了身份识别的唯一性。因此，可以将眼睛的虹膜特征作为每个人的身份识别对象。

虹膜识别就是通过对比虹膜图像特征之间的相似性来确定人们的身份。虹膜识别技术的过程一般来说包含如下四个步骤：

① 虹膜图像获取。使用特定的摄像器材对人的整个眼部进行拍摄，并将拍摄到的图像传输给虹膜识别系统的图像预处理软件。

② 图像预处理。对获取到的虹膜图像进行如下处理，使其满足提取虹膜特征的需求。

虹膜定位：确定内圆、外圆和二次曲线在图像中的位置。其中，内圆为虹膜与瞳孔的边界，外圆为虹膜与巩膜的边界，二次曲线为虹膜与上下眼皮的边界。

虹膜图像归一化：将图像中的虹膜大小调整到识别系统设置的固定尺寸。

图像增强：针对归一化后的图像，进行亮度、对比度和平滑度等处理，提高图像中虹膜信息的识别率。

③ 特征提取。采用特定的算法从虹膜图像中提取出虹膜识别所需的特征点，并对其进行编码。

④ 特征匹配。将特征提取得到的特征编码与数据库中的虹膜图像特征编码逐一匹配，判断是否为相同虹膜，从而达到身份识别的目的。

虹膜识别技术主要有以下优点：

① 稳定性好，人三岁以后虹膜发育成熟，终身不变。

② 防伪性好，不易被外界获取，需要专业镜头捕捉。

③ 不需要物理的接触。

④ 可靠性高，可能会是最可靠的生物识别技术。

缺点主要有：

① 很难将图像获取设备的尺寸小型化。

② 设备造价高，无法大范围推广。

③ 依赖光学设备，镜头可能产生图像畸变而使可靠性降低，外部光线也对识别有一定的影响。

④ 亚洲人和非洲人的虹膜是黑色或者棕色，而且纹理少、表面色素多，因此难识别。

⑤ 一般人眼和设备要保持在 20 ～ 40 cm，用户交互效果并不很好。

3.5.5 语音识别技术

语音识别技术，也被称为自动语音识别（Automatic Speech Recognition，ASR），其目标是将人类的语音中的词汇内容转换为计算机可读的输入，如按键、二进制编码或者字符序列等。目前，很多手机客户端、PC 客户端都可以来进行语音的录入（如讯飞语音输入法）、语音身份识别（如建行手机 APP 语音认证）等。

语音识别的由来其实是和计算机的发展同步的。早在 1952 年，贝尔实验室的 Davis 等人成功研究出世界上第一个能识别 10 个英文数字发音的实验系统。大规模的语音识别研究始于 20 世纪 70 年代。此后，语音识别技术在孤立词和小词汇量句子的识别方面取得突破。

语音识别技术的应用包括语音拨号、语音导航、室内设备控制、语音文档检索、简单的听写数据录入等。语音识别技术与其他自然语言处理技术如机器翻译及语音合成技术相结合，可以构建出更加复杂的应用，例如语音到语音的翻译等。

语音识别的方法有三种：

① 基于声道模型和语音知识的方法：该方法起步较早，在语音识别技术提出的开始，就有了这方面的研究，但由于其模型及语音知识过于复杂，现阶段没有达到实用的阶段。

② 模板匹配的方法：该方法发展比较成熟，目前已达到了实用阶段。在模板匹配方法中，要经过四个步骤：特征提取、模板训练、模板分类、判决。常用的技术有三种：动态时间规整（DTW）、隐马尔可夫（HMM）理论、矢量量化（VQ）技术。

③ 人工神经网络的方法：利用人工神经网络的方法是 20 世纪 80 年代末期提出的一种新的语音识别方法。人工神经网络（ANN）本质上是一个自适应非线性动力学系统，模拟了人类神经活动的原理，具有自适应性、并行性、健壮性、容错性和学习特性，其强大的分类能力和输入输出映射能力在语音识别中都很有吸引力。但由于存在训练、识别时间太长的缺点，目前仍处于实验探索阶段。由于 ANN 不能很好地描述语音信号的时间动态特性，所以常把 ANN 与传统识别方法结合，分别利用各自优点来进行语音识别。

一个完整的基于统计的语音识别系统可大致分为三个部分：

① 语音信号预处理与特征提取。选择识别单元是语音识别的第一步，语音识别单元有单词（句）、音节和音素三种。语音识别一个根本的问题是合理地选用特征。特征参数提取的目的是对语音信号进行分析处理，去掉与语音识别无关的冗余信息，获得影响语音识别的重要信息，同时对语音信号进行压缩。

② 声学模型与模式匹配。声学模型通常是将获取的语音特征使用训练算法进行训练后产生。在识别时将输入的语音特征同声学模型（模式）进行匹配与比较，得到最佳的识别结果。

③ 语言模型与语言处理。语言模型包括由识别语音命令构成的语法网络或由统计方法构成的语言模型，语言处理可以进行语法、语义分析。

🏵 知识拓展

扫一扫

根据数据显示，2014 年全球生物识别市场规模突破百亿美元大关，2015 年生物识别市场达到 130 亿美元，预计到 2020 年全球生物识别市场将突破 250 亿美元，增速较为稳定。其中，指纹识别占比最高。目前指纹识别是应用最为广泛的识别技术，指纹识别产品在所有识别产品中的比例为 58%，占绝对主导地位。人脸识别产品次之，比例为 7%。虹膜识别产品比例为 6%。预计到 2020 年，指纹识别市场规模将达到 130 亿美元、人脸识别 24 亿美元、虹膜识别将达到 16 亿美元。从国内情况来看，虽然我国在生物识别技术领域研究已处于世界先进水平，但目前应用规模和渗透率与欧美市场相差还很大，加之目前行业增速稳定，未来将有较大发展空间。2010 至 2014 年，国内生物识别市场平均增长率保持在 60% 以上，预计 2020 年国内生物识别市场规模将突破 300 亿元。

扫描二维码获取更多有关生物识别技术的知识。

3.6 物联网定位技术

3.6.1 定位技术概述

随着物联网应用的不断普及，定位技术的应用如雨后春笋般出现在人们的生活中，特别是随着智能手机应用的普及，手机 APP 的定位给我们的学习生活都带来了很多的便利，当然，我们也看到，定位技术也给人们的隐私带来了很大挑战。

目前基于位置的服务主要有：

① 自动导航。该服务可以给用户提供到达目的地的最优路径。国内公司有高德导航、百度地图，国外有谷歌地图等。

② 搜索周边服务信息。该服务可以提供指定位置的服务信息，如酒店、餐饮、娱乐场所等信息，典型的应用如大众点评、支付宝等应用。

③ 基于位置的社交网络。该服务可以提供在指定位置附近使用相同社交网络应用的用户信息，典型的应用如微信的摇一摇功能、国外的 Facebook 应用等。

应该说，位置的信息与我们的生活息息相关，位置信息不是单纯的"位置"，它包含地理位置（空间坐标）、处在该位置的时刻（时间坐标）、处在该位置的对象（身份信息）三个方面。

目前，主流的定位技术有卫星定位（如 GPS、北斗）、蜂窝基站定位、无线室内环境定位、RFID 定位等。

3.6.2 卫星定位技术

卫星定位是指通过利用卫星和接收机的双向通信来确定接收机的位置，可以实现全球范围内实时为用户提供准确的位置坐标及相关的属性特征。如果采用差分技术，其精度甚至可以达到米级。

目前各国的卫星定位系统如下：

① 美国：GPS 定位系统。

② 俄罗斯：GLONASS 定位系统。

③ 欧盟：伽利略定位系统。

④ 中国：北斗一号（区域）、北斗二号、三号（全球）定位系统。

目前，GPS 是世界上最常用的卫星导航系统，随着我国北斗定位系统的不断成熟，我国在越来越多的定位系统应用中将逐渐使用北斗系统，而不再依赖于美国的 GPS 定位系统。

卫星定位的基本原理是：围绕地球运转的人造卫星连续向地球表面发射经过编码调制的连续波无线电信号，编码中载有卫星信号准确的发射信号，以及不同时间卫星在空间的准确位置（星历）。载于海陆空各类运载体上的卫星导航接收机在接收到卫星发出的无线电信号后，如果它们有与卫星钟准确同步的时钟，便能测量出信号的到达时间，从而能算出信号在空间的传播时间。再用这个传播时间乘以信号在空间的传播速度，便能求出接收机与卫星之间的距离，然后综合多颗卫星的数据就可知道接收机的具体位置。

3.6.3 移动蜂窝定位技术

移动蜂窝定位技术主要利用移动运营商建立的大量移动通信基站，利用通信基站的固定位置信息来判断移动用户的位置信息，这在一定程度上降低了移动定位的成本，也增强了移动通信功能的实用性。

移动通信基站定位从定位计算的原理上大致可以分为 3 种类型：基于三角关系和运算的定位技术、基于场景分析的定位技术和基于临近关系的定位技术。

① 基于三角关系和运算的定位技术。该定位技术根据测量得出的数据，利用几何三角关系计算被测物体的位置，它是最主要的也是应用最为广泛的一种定位技术。基于三角关系和运算的定位技术可以细分为两种：基于距离测量的定位技术和基于角度测量的定位技术。

② 基于场景分析的定位技术。此定位技术对定位的特定环境进行抽象和形式化，用一些具体的、量化的参数描述定位环境中的各个位置，并用一个数据库把这些信息集成在一起。观察者根据待定位物体所在位置的特征查询数据库，并根据特定的匹配规则确定物体的位置。由此可以看出，这种定位技术的核心是位置特征数据库和匹配规则，它本质上是一种模式识别方法。

③ 基于临近关系的定位技术。该定位技术原理是：根据待定位物体与一个或多个已知位置的临近关系来定位。这种定位技术通常需要标识系统的辅助，以唯一的标识来确定已知的各个位置。这种定位技术最常见的例子是移动蜂窝通信网络中的 Cell ID。

3.6.4 无线室内定位技术

卫星定位技术与移动蜂窝定位技术主要是户外实现定位的技术，对于室内来说，卫星的信号很弱甚至没有，移动通信信号也会因为室内的复杂环境而不适合用于室内的定位。

目前，常见的室内无线定位技术还有：Wi-Fi、蓝牙、红外线、超宽带、RFID、ZigBee 和超声波等。

1. Wi-Fi 定位技术

通过无线接入点（包括无线路由器）组成的无线局域网络（WLAN），可以实现复杂环境中的定位、监测和追踪任务。它以网络节点（无线接入点）的位置信息为基础和前提，采用经验测试和信号传播模型相结合的方式，对已接入的移动设备进行位置定位，最高精确度在 1 ~ 20 m。如果定位测算仅基于当前连接的 Wi-Fi 接入点，而不是参照周边 Wi-Fi 的信号强度合成图，则 Wi-Fi 定位就很容易存在误差（例如：定位楼层错误）。

另外，Wi-Fi 接入点通常都只能覆盖半径 90 米左右的区域，而且很容易受到其他信号的干扰，从而影响其精度，定位器的能耗也较高。

2. 蓝牙定位技术

蓝牙通信是一种短距离低功耗的无线传输技术，在室内安装适当的蓝牙局域网接入点后，将网络配置成基于多用户的基础网络连接模式，并保证蓝牙局域网接入点始终是这个微网络的主设备。这样通过检测信号强度就可以获得用户的位置信息。

蓝牙定位主要应用于小范围定位，例如：单层大厅或仓库。对于持有集成了蓝牙功能的移动终端设备，只要设备的蓝牙功能开启，蓝牙室内定位系统就能够对其进行位置判断。

但对于复杂的空间环境，蓝牙定位系统的稳定性稍差，受噪声信号干扰大。

3. 红外线定位技术

红外线技术室内定位是通过安装在室内的光学传感器，接收各移动设备（红外线 IR 标识）发射调制的红外射线进行定位，具有相对较高的室内定位精度。

但是，由于光线不能穿过障碍物，使得红外射线仅能视距传播，容易受其他灯光干扰，并且红外线的传输距离较短，使其室内定位的效果很差。当移动设备放置在口袋里或者被墙壁遮挡时，就不能正常工作，需要在每个房间、走廊安装接收天线，导致总体造价较高。

4．超宽带定位技术

超宽带技术与传统通信技术的定位方法有较大差异，它不需要使用传统通信体制中的载波，而是通过发送和接收具有纳秒或纳秒级以下的极窄脉冲来传输数据，可用于室内精确定位，例如：战场士兵的位置发现、机器人运动跟踪等。

超宽带系统与传统的窄带系统相比，具有穿透力强、功耗低、抗多径效果好、安全性高、系统复杂度低、能够提高精确定位精度等优点，通常用于室内移动物体的定位跟踪或导航。

5．RFID 定位技术

RFID 定位技术利用射频方式进行非接触式双向通信交换数据，实现移动设备识别和定位的目的。它可以在几毫秒内得到厘米级定位精度的信息，且传输范围大、成本较低；但由于 RFID 不便于整合到移动设备之中、作用距离短、安全隐私存在问题等原因，其适用范围也比较有限。

6．ZigBee 定位技术

ZigBee 是一种短距离、低速率的无线网络技术。它介于 RFID 和蓝牙之间，可以通过传感器之间的相互协调通信进行设备的位置定位。这些传感器只需要很少的能量，以接力的方式通过无线电波将数据从一个传感器传到另一个传感器，所以 ZigBee 最显著的技术特点是它的低功耗和低成本。

7．超声波定位技术

超声波定位主要采用反射式测距（发射超声波并接收由被测物产生的回波后，根据回波与发射波的时间差计算出两者之间的距离），并通过三角定位等算法确定物体的位置。

超声波定位整体定位精度较高、系统结构简单，但容易受多径效应和非视距传播的影响，降低定位精度；同时，它还需要大量的底层硬件设施投资，总体成本较高。

扫一扫

知识拓展

随着物联网的发展，国内已经出现了不少物联网定位感知服务在各大场景中的实际应用案例。例如万达广场进行的智慧化升级，就采用了室内定位导航服务。顾客通过手机能够阅览商场全景图并查询商家信息，实现自助规划路线，快速找到相应店铺，大幅度提升购物体验。此外，商家还可以开展基于位置的互动营销，通过抽奖、游戏和活动促进顾客的即兴消费。百度云将利用物联网技术，为"网红单车"摩拜提供精准定位服务，通过打造摩拜单车智能推荐停车点，利用精确定位算法迅速准确地定位单车停放位置及状态，进一步提升摩拜对车辆的管控能力。

扫描二维码获取更多有关物联网定位技术的知识。

3.7 感知技术认知实践

3.7.1 实践目的

本次实践的主要目的是：

① 了解传感器的种类。

② 了解不同传感器的不同特性。

③ 了解不同传感器在主要物联网应用系统中的运用。

3.7.2 实践的参考地点及形式

本次实践可以在具备物联网实训平台、实验箱、物联网虚拟仿真平台等感知设备的实训室中实施，不具备实物参观条件的可以通过 Internet 搜索引擎查询的方式进行。

3.7.3 实践内容

实践内容包括以下几个要求：

① 实物观察各种不同类型的传感器模块，确认不同的传感器的外形特点，如温湿度传感器、超声波传感器、人体红外传感器、气体传感器等。

② 利用 Internet，搜索不同传感器的特点、技术参数以及主要应用环境等。材料内容包括：传感器图片、传感器名称、传感的原理、主要技术参数和应用环境。

③ 寻找身边的传感器、RFID、二维条码应用，列举 2 ～ 3 个实例，查询该感知设备的工作原理，以及其他的应用场合可能有哪些。

④ 通过查询了解不同类型的传感器特点及应用后，来构想将这些传感器应用到自己的生活中来，试着设计 1 ～ 2 个传感器的应用场景。

⑤ 利用生物识别技术来设想一个与之相关的物联网应用，说说它的推广价值或应用前景。

3.7.4 实践总结

根据上述实践内容要求，完成物联网感知技术的实践总结，总结中需要体现上述五个要求。

3.8 习　　题

一、选择题

1. 传感器是（　　）的核心感知设备。

　　A. 物联网　　　　　B. 互联网　　　　C. 万维网　　　　D. 局域网

2. 传感器能否将非电量的变化不失真地变换成相应的电量，取决于传感器的（　　）特性。

　　A. 输入　　　　　　B. 输出　　　　　C. 输出／输入　　D. 导入

3. 传感器中能直接感受被测量并按一定规律转换成与被测量有一定关系的易于变换成电量的其他量的元件是（　　）。

    A. 信号调节转换电路　　　　B. 辅助电源

    C. 转换元件　　　　　　　　D. 敏感元件

4. 条、空的（　　）颜色搭配可获得最大对比度，所以是最安全的条码符号颜色设计。

    A. 红白　　　　B. 蓝白　　　　C. 蓝黑　　　　D. 黑白

5. （　　）的编码原理是建立在一维条码的基础上，按需要堆积成两行或多行。

    A. 矩阵式二维条码　　　　　B. 数据式二维码

    C. 棋盘式二维码　　　　　　D. 行排式二维码

6. 下列不属于二维条码的优点是（　　）。

    A. 信息容量大

    B. 编码范围广

    C. 易打印，寿命长，成本低

    D. 能将因破损、玷污等原因导致条码丢失的信息 100% 正确读出

7. 以下关于被动式 RFID 标签工作原理的描述中，错误的是（　　）。

    A. 被动式 RFID 标签也叫作"无源 RFID 标签"

    B. 当无源 RFID 标签接近读写器时，标签处于读写器天线辐射形成的远场范围内

    C. RFID 标签天线通过电磁波感应电流，感应电流驱动 RFID 芯片电路

    D. 芯片电路通过 RFID 标签天线将存储在标签中的标识信息发送给读写器

8. 以下关于 GPS 功能的描述中，错误的是（　　）。

    A. 定位　　　　B. 导航　　　　C. 授时　　　　D. 通信

9. 以下关于无线传感器节点的描述中，错误的是（　　）。

    A. 无线传感器节点由传感器、处理器、无线通信与能量供应四个模块组成

    B. 无线通信模块负责物理层的无线数据传输

    C. 处理器模块负责控制整个传感器节点的操作

    D. 传感器模块中的传感器完成监控区域内信息感知和采集

10. 气敏传感器是用来检测（　　）浓度或成分的传感器。

    A. 气体　　　　B. 固体　　　　C. 液体　　　　D. 固液共存体

二、填空题

1. 传感技术与_____、_____共同构成 21 世纪信息产业的三大支柱技术。

2. 传感器的静态特性是指被测量的值处于_____状态时的输入 / 输出关系，衡量静态特性的重要指标是线性度、_____、迟滞性和重复性等。

3. 加速度传感器分为_____、_____。

4. 条形码是由宽度不同、反射率不同的_____和_____，按照一定的编码原则而制成的。

5. RFID 是一种_____的自动识别技术，通过_____自动识别目标对象并获取相关数据，无须人工干预，可工作于各种恶劣环境。

三、判断题

1. 人脸识别技术利用计算机技术识别人脸，是基于人的脸部表情的技术。　　　（　　）

2. 人脸识别系统主要包括四个组成部分，分别为：人脸图像采集及检测、人脸图像预处理、

人脸图像特征提取以及匹配与识别。 （ ）

3. 语音识别技术，也被称为自动语音识别，其目标是将人类的语音中的词汇内容转换为计算机可读的输入，如按键、二进制编码或者字符序列等。 （ ）

4. 目前，主流的定位技术有卫星定位（如 GPS、北斗）、蜂窝基站定位、无线室内环境定位、RFID 定位等。 （ ）

5. 卫星定位是指通过利用卫星和接收机的双向通信来确定接收机的位置，不管在室内还是室外，都可以实现精确定位。 （ ）

第4章

物联网通信技术

典型工作任务工作过程描述：本章知识支撑的物联网应用技术专业的典型工作任务是物联网系统网络搭建及部署。该典型工作任务的工作过程描述如图 4-1 所示。

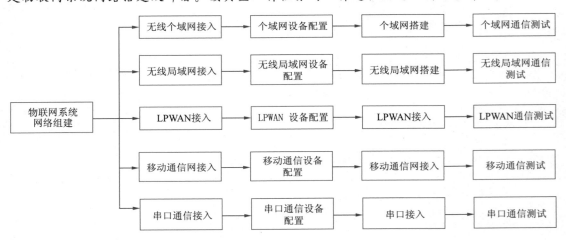

图 4-1　典型工作任务工作流程图

内容结构图

物联网通信技术按照互联网通信—移动通信—无线通信这条主线来介绍其通信技术。其中无线通信技术是本章的重点。无线根据国际上所采用的通信技术种类可将无线传感器网络划分为无线广域网（WWAN）、无线城域网（WMAN）、无线局域网（WLAN）、无线个域网（WPAN）、低速率无线个域网（LR-WPAN）。无线个域网技术包含蓝牙、ZigBee、UWB、IrDA、HomeRF 几种。无线 LPWAN 包括 SigFox、LoRa和 NB-IoT 等。

在完成该典型任务的工作过程中所需的理论知识结构如图 4-2 所示。

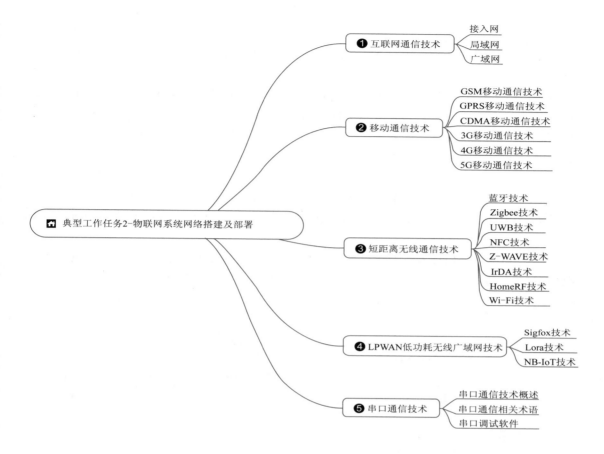

图 4-2　支持典型工作任务所需的理论知识结构

学习目标

通过对本章内容的学习，学生应该能够做到：

• 能说出局域网、广域网、接入网的概念。
• 能说出移动通信技术的发展历史及每个阶段的技术特点。
• 能说出几种关键的无线个域网技术及主要特点。
• 熟悉无线局域网 IEEE802.11 标准。
• 能说出几种关键 LPWAN 技术及主要特点。
• 能说出串口通信的基本原理及其应用场合。

4.1　互联网通信技术

物联网要实现物体之间信息的连接和移动，因此需要网络作为连接桥梁。互联网是物联网的重要承载网络。计算机网络技术是通信技术与计算机技术相结合的产物。

4.1.1　局域网技术

局域网（Local Area Network, LAN），是指在某一区域内由多台计算机互联而成的计算机集合。这里提到的"某一区域"可以是同一办公室、同一建筑物或楼群间等，范围一般是十千米以内。

局域网（LAN）上的每一台计算机（或其他网络设备）都有一个或多个局域网 IP 地址，这个地址称为私网或内网 IP 地址，局域网 IP 地址是局域网内部分配的，不同局域网的 IP 地址可以重复。局域网可以实现文件管理、应用软件共享、打印机共享、扫描仪共享、工作组内的日程安排、电子邮件和传真通信服务等功能。

以太网（Ethernet）是当前局域网通信技术中应用最广泛的一种，它是 IEEE 组织的 IEEE 802.3 小组制定的技术标准，它规定了物理层的接线规范、电子信号规范以及介质访问控制协议等方面的内容。目前以太网的传输的速率可达到 10 Mbit/s，高速以太网的传输速率可达到 10 Gbit/s。

目前，以太网通信技术在物联网通信中起到非常重要的作用，它可以通过交换机，将连接到串口服务器的物联网终端进行互联，如图 4-3 所示，物联网终端采集的数据通过相应转换后，利用现有的以太网通信技术进行互联。

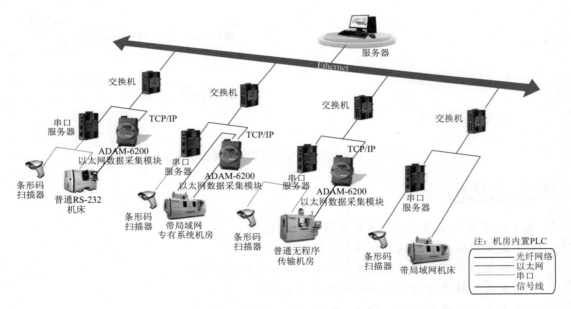

图 4-3　局域网技术与物联网通信

4.1.2　广域网技术

广域网（Wide Area Network，WAN）也称远程网，通常所覆盖的范围从几十千米到几千千米，它能连接多个城市或国家形成国际性的远程网络。

广域网是由许多交换机组成的，交换机之间采用点到点线路连接，几乎所有的点到点通信方式都可以用来建立广域网，包括租用线路、光纤、微波、卫星信道。

广域网上的每一台计算机（或其他网络设备）都有一个或多个广域网 IP 地址，这个 IP 地址称为公网地址，要从 ISP 处申请获得，广域网 IP 地址不能重复。广域网的通信子网主要使用分组交换技术，可以利用公用分组交换网、卫星通信网和无线分组交换网等。它将分布在不同地区的局域网或计算机系统互连起来，达到资源共享的目的。互联网（Internet）是世界范围内最大的广域网。

4.1.3　接入网技术

所谓接入网是指骨干网络到用户终端之间的所有设备。其长度一般为几百米到几公里，被形象地称为"最后一公里"。由于骨干网一般采用光纤结构，传输速度快，因此，接入网便成为了整个网络系统的瓶颈。

接入网的接入方式包括铜线（普通电话线）接入、光纤接入、光纤同轴电缆（有线电视电缆）混合接入、无线接入和以太网接入等几种方式。

4.2　移动通信技术

移动通信是指通信双方至少有一方处于运动中的通信，包括海、陆、空移动通信。移动通信是有线通信的延伸，它由有线和无线两部分组成。无线部分提供用户终端的接入，有线部分完成网络功能，构成公众陆地移动通信网。移动通信发展速率基本为 10 年一代，经历了以下几个阶段：

- 1G：第一代移动通信技术——模拟制式的移动通信系统，只能进行语音通话。
- 2G：第二代移动通信技术——数字蜂窝通信系统，包括语音在内的全数字化系统。
- 2.5G：在 2G 基础上提供增强业务，如 WAP。
- 3G：第三代移动通信技术——支持高速数据传输的蜂窝移动通信系统。提供的业务包括语音、传真、数据、多媒体娱乐和全球漫游等。
- 4G：第四代移动通信技术——高速移动通信系统，用户速率可达 20 Mbit/s。4G 支持多媒体交互业务、高质量影像、3D 动画和宽带接入。
- 5G：数据流量和终端数量的爆发性增长，催促新的移动通信系统的形成。移动互联网和物联网的发展成为 5G 发展的两大驱动力。5G 将不是单纯通信系统，而是以用户为中心的全方位信息生态系统。其目标是为用户提供极佳的信息交互体验，实现万物互联（Internet of Everything，IoE）的智能化时代。

1G ～ 5G 移动通信技术的特性如表 4-1 所示。

表 4-1　1G ～ 5G 移动通信技术的特性比较

移动通信技术	主要频段	传输速率	关键技术	技术标准	提供的服务
1G	800/900 MHz	约 2.4 kbit/s	模拟制式语音调制、蜂窝网络、FDMA	AMPS、NMT	模拟语音业务
2G	900 MHz|1 800 MHz GSM900：800~900 MHz	约 6.4 kbit/s GSM900：上行 2.7 kbit/s、下行 9.6 kbit/s	CDMA/TDMA	GSM、CDMA	数字语音业务
2.5G		115 kbit/s（GPRS）384 kbit/s（EDGE）		GPRS、HSCSD、EDGE	

移动通信技术	主要频段	传输速率	关键技术	技术标准	提供的服务
3G	WCDMA： 上行 1 940～1 955 MHz 下行 2 130～2 145 MHz	125 kbit/s～2.8 Mbit/s	多址技术、Rake 接收技术、Turbo 编码及 RS 卷积级联码等	TD-CDMA（移动） CDMA2000（电信） WCDMA（联通）	同时传输语音和数据信息
4G	TD-LTE： 上行 555～2 575 MHz 下行 2 300～2 320 MHz	2 Mbit/s～1 Gbit/s	OFDM、SC-FDMA、MIMO	LTE、LTE-A、WiMax 等	快速传输数据、图像、音频、视频
5G	3 300～3 600MHz 4 800～5 000MHz（中国）	10 Gbit/s（理论值）	毫米波、大规模 MIMO、NOMA、OFDMA、SC-FDMA、FBMC 等		快速传输高清视频、物联网应用等

4.2.1 GSM 移动通信技术

GSM 是全球移动通信系统（Global System for Mobile Communication）的简称。GSM 是第一个商业运营的第 2 代（2G）蜂窝移动通信系统。

GSM 通信系统由移动台（MS）、移动网子系统（NSS）、基站子系统（BSS）和操作支持子系统（OSS）四部分组成。网络结构如图 4-4 所示。

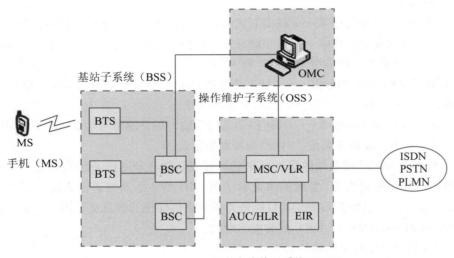

图 4-4　GSM 通信系统网络结构

① 移动台（MS）：移动台是公用 GSM 移动通信网中用户使用的设备，也是用户能够直接接触的整个 GSM 系统中的唯一设备。移动台的类型不仅包括手持台，还包括车载台和便携式台。随着 GSM 标准的数字式手持台向小型、轻巧和增加功能的发展趋势，手持台的用户将占整个用户的极大部分。

② 基站子系统（BSS）：基站子系统是 GSM 系统中与无线蜂窝方面关系最直接的基本组成部分。它通过无线接口直接与移动台相接，负责无线发送接收和无线资源管理。另一方面，基站子系统与网络子系统（NSS）中的移动业务交换中心（MSC）相连，实现移动用户之间

或移动用户与固定网络用户之间的通信连接，传送系统信号和用户信息等。当然，要对 BSS 部分进行操作维护管理，还要建立 BSS 与操作支持子系统（OSS）之间的通信连接。

③ 移动网子系统（NSS）：移动网子系统主要包含 GSM 系统的交换功能和用于用户数据与移动性管理、安全性管理所需的数据库功能，它对 GSM 移动用户之间通信和 GSM 移动用户与其他通信网用户之间通信起着管理作用。NSS 由一系列功能实体构成，整个 GSM 系统内部，即 NSS 的各功能实体之间和 NSS 与 BSS 之间都通过符合 CCITT 信令系统 No.7 协议和 GSM 规范的 7 号信令网络互相通信。

④ 操作支持子系统（OSS）：操作支持子系统需完成许多任务，包括移动用户管理、移动设备管理以及网络操作和维护。

知识拓展

扫一扫

　GSM 全球移动通信系统百度百科知识链接。

4.2.2　GPRS 移动通信技术

GPRS 是通用分组无线业务系统 (General Packet Radio System) 的缩写，是欧洲电信协会 GSM 系统中有关分组数据所规定的标准。GPRS 是在现有的 GSM 网络上开通的一种新的分组数据传输技术，它和 GSM 一样采用 TDMA 方式传输语音，但是采用分组的方式传输数据。GPRS 提供端到端的、广域的无线 IP 连接及高达 115.2 kbps 的空中接口传输速率。

GPRS 采用了分组交换技术，可实现若干移动用户同时共享一个无线信道或一个移动用户可使用多个无线信道。当用户进行数据传输时占用信道，无数据传输时则把信道资源让出来，这样不仅极大地提高了无线频带资源的利用率，同时也提供了灵活的差错控制和流量控制，正因如此，GPRS 是按传输的数据量来收费的，即按流量收费，而不是按时间来计费的。

GPRS 采用信道捆绑和增强数据速率改进来实现高速接入，它可以在一个载频或 8 个信道中实现捆绑，每个信道的传输速率为 14.4 kbit/s，在这种情况下，8 个信道同时进行数据传输时，GPRS 方式最高速率可达 115.2 kbit/s。如果 GPRS 通过数据速率改进，将每个信道的速率提高到 48 kbit/s，那么其速率高达 384 kbit/s，对于这样的高速率，可以完成更多的业务，比如网页浏览、收 / 电子邮件等。

GPRS 还具有数据传输与语音传输可同时进行并自如切换等特点。总之，相对于原来 GSM 以拨号接入的电路数据传送方式，GPRS 是分组交换技术，具有实时在线、高速传输、流量计费和自如切换等优点，它能全面提升移动数据通信服务。因而，GPRS 技术广泛地应用于多媒体、交通工具的定位、电子商务、智能数据和语音、基于网络的多用户游戏等方面。

知识拓展

扫一扫

　GPRS 分组无线业务百度百科知识链接。

4.2.3　CDMA 移动通信技术

CDMA 是码分多址 Code Division Multiple Access 的简称，是在数字技术的分支——扩频通信技术上发展起来的一种无线通信技术。CDMA 的核心技术是扩频技术，即在发送端用一个带宽远大于信号带宽的高速伪随机码进行调制，扩展原数据信号的带宽，再经载波调制后发送出去。到了接收端，使用完全相同的伪随机码，把宽带信号换成原信息数据的窄带信号，即解扩，以实现信息通信。

CDMA 技术的优点是语音质量佳、保密性强、接通率高，同时系统具有容量大、配置灵活、频率规划简单、建网成本地等优势。

扫一扫

🅖 知识拓展

CDMA 码分多址百度百科知识链接。

4.2.4　3G 移动通信技术

3G(Third Generation) 意为"第三代移动通信"，是国际电联 ITU 于 2000 年确定的将无线通信与国际互联网等多媒体通信结合的第三代移动通信技术，正式命名为 IMT-2000。它是支持高速数据传输的蜂窝移动通信技术。3G 服务能够同时传送声音及数据信息，可提供移动宽带多媒体业务，其传输速率在高速移动环境中支持 144 kbit/s，步行慢速移动环境中支持 384 kbit/s，静止状态下支持 2 Mbit/s。

第三代移动通信系统的技术基础是码分多址（CDMA）。第一代移动通信系统采用频分多址（FDMA）的模拟调制方式。采用 FDMA 的系统具有频谱利用率低、信令干扰语音业务的缺点。第二代移动通信系统主要采用时分多址（TDMA）的数字调制方式，与第一代相比，虽然提高了系统容量，并采用独立信道传送信令，使系统性能大大改善，但是它的系统容量仍然很有限，而且越区切换性能还不完善。CDMA 系统以其频率规划简单、系统容量大、频率复用率高、抗多径衰落能力强、通话质量好、软容量、软切换等特点显示出巨大的发展潜力，因而第三代移动通信系统把 CDMA 作为其技术基础。

国际上目前具有代表性的 3G 移动通信标准有 3 种，分别是：美国 CDMA2000，欧洲 WCDMA 和中国 TD-SCDMA。国内支持国际电联确定的三个无线接口标准，分别是：中国电信的 CDMA2000，中国联通的 WCDMA，中国移动的 TD-SCDMA，业界将 CDMA 技术作为 3G 的主流技术。

扫一扫

 🅖 知识拓展

CDMA2000、WCDMA、TD-SCDMA 百度百科知识链接。

4.2.5　4G 移动通信技术

如果说 3G 为人们提供一个高速传输的无线通信环境，那么 4G 通信是一种超高速无线网络。4G 是集 3G 与 WLAN 于一体，并能够快速传输数据、音频、视频和图像等的第四代移动通信技术。4G 最大的数据传输速率超过 100 Mbit/s，这个速率是移动电话数据传输速率的

1 万倍，也是 3G 移动电话速率的 50 倍。4G 可以在 DSL 和有线电视调制解调器没有覆盖的地方部署，然后再扩展到整个地区。

4G 技术包括 TD-LTE 和 FDD-LTE 两种制式。但严格意义上来讲，LTE 只是 3.9G，尽管被宣传为 4G 无线标准，但它其实并未被 3GPP 认可为国际电信联盟所描述的下一代无线通信标准 IMT-Advanced，因此在严格意义上还未达到 4G 的标准。只有升级版的 LTE Advanced 才满足国际电信联盟对 4G 的要求。

2013 年，"谷歌光纤概念"在美国国内成功推行的同时，谷歌光纤开始向非洲、东南亚等地推广，给全球 4G 网络建设再次添柴加火。2013 年 8 月，国务院总理李克强主持召开国务院常务会议，要求提升 3G 网络覆盖和服务质量，推动年内发放 4G 牌照。12 月 4 日正式向三大运营商发布 4G 牌照，中国移动、中国电信和中国联通均获得 TD-LTE 牌照，不过 FDD-LTE 牌照暂未发放。

2013 年 12 月 18 日，中国移动在广州宣布，将建成全球最大 4G 网络。2014 年 1 月，京津城际高铁作为全国首条实现移动 4G 网络全覆盖的铁路，实现了 300 千米时速高铁场景下的数据业务高速下载，一部 2 GB 大小的电影只需要几分钟。原有的 3G 信号也得到增强。

2014 年 1 月 20 日，中国联通已在珠江三角洲及深圳等十余个城市和地区开通 42M，实现全网升级，升级后的 3G 网络均可以达到 42M 标准。

2014 年 7 月 21 日中国移动在召开的新闻发布会上又提出包括持续加强 4G 网络建设、实施清晰透明的订购收费、大力治理垃圾信息等六项服务承诺。中国移动表示，将继续降低 4G 资费门槛。

2018 年 7 月，工信部公布《2018 年上半年通信业经济运行情况》报告显示，4G 用户总数达到 11.1 亿户，占移动电话用户的 73.5%。

知识拓展

扫一扫

TD-LTE、FDD-LTE 百度百科知识链接。

4.2.6　5G 移动通信技术

5G 移动通信技术即第五代移动电话行动通信标准。2016 年在我国浙江乌镇举办的第三届世界互联网大会上，美国高通公司展示了"万物互联"的 5G 技术原型，该技术展现了 5G 技术在往千兆移动网络和人工智能的方向迈进。诺基亚（NOKIA）与加拿大运营商 Bell Canada 共同合作完成了加拿大首次 5G 网络技术的测试。目前，我国的华为技术有限公司、韩国的三星电子有限公司以及日本和欧盟都在进行 5G 网络的研发。

华为技术有限公司（简称华为）在 2009 年就已经开展 5G 技术的研究，2013 年 11 月 6 日华为宣布 2018 年投资 6 亿美元进行 5G 技术的研发和创新，并预测到 2020 年 5G 将进行商用。

2013 年 2 月，欧盟拨款 5 000 万欧元来加快 5G 技术的发展，并计划到 2020 年推出 5G 的成熟标准。同年，三星电子也宣布成功开发了 5G 的核心技术，该技术可以在 28 GHz 的超高频段下可以达到 1 Gbit/s 以上的传输速率，且传输距离可以达到 2 km。

目前，我国三大运营商已经基本确定了全国 5G 网络的首批试点城市，北京、杭州、上海、广州、苏州、武汉等 18 个试点城市已经开始 5G 网络的测试工作。根据运营商提供的测试数据，5G 网络的网速峰值可以达到 10 Gbit/s，是当前的 4G 网络 100 Mbit/s 速率的 100 倍，因此，将来 5G 的正式商用将给物联网带来更大的发展，特别对车联网等需要高速率、低延迟的物联网应用，将会是一个极大的推进作用。

扫一扫 ········ **知识拓展**

5G 通信技术百度百科知识链接。

4.3 短距离无线通信技术

无线通信网络是利用无线通信通信技术、通信设备、通信标准和协议等组成的通信网络。根据通信距离不同，无线网络分为无线个域网、无线局域网、无线城域网和无线广域网。

无线个域网（Wireless Personal Area Network，WPAN）位于整个网络链的末端，用于实现同一地点终端与终端间的连接，如连接手机和蓝牙耳机等。WPAN 所覆盖的范围一般在 10 m 半径以内，必须运行于许可的无线频段。WPAN 设备具有价格便宜、体积小、易操作和功耗低等优点。

IEEE、ITU 等组织都致力于 WPAN 标准的研究，其中 IEEE 组织对 WPAN 的规范标准主要集中在 802.15 系列。支持无线个人局域网的技术包括：蓝牙、ZigBee、超频波段（UWB）、Z-WAVE、IrDA、HomeRF 等。

4.3.1 蓝牙技术

蓝牙标准是在 1998 年，由爱立信、诺基亚、IBM 等公司共同推出的，即后来的 IEEE 802.15.1 标准。蓝牙技术为固定设备或移动设备之间的通信环境建立通用的无线空中接口。蓝牙技术利用时分多址、高度调频灯光方法进行数据传递。当前，蓝牙技术的发展方向重点在于移动设备方面，目标是能够有效地简化移动设备同计算机之间的数据传递过程，同时备较强的工作效率。

蓝牙无线通信技术工作于 2.4 GHz 的工业基础设施（Institute for Supply Management，ISM）频段，采用 1 600 跳 /s 的快速跳频技术、正向纠错编码（FEC）技术和 FM 调制方式，设备简单，支持点对点、点对多点通信。蓝牙的具有点对点的超低功耗的特性，使其成为物联网的一个重要连接方式。

2016 年 6 月 17 日，蓝牙技术联盟在伦敦正式发布了蓝牙 5.0 的技术标准，该标准在性能上将远超以往版本的蓝牙技术，如有效传输距离是蓝牙 4.2 的 4 倍，传输速率是蓝牙 4.2 的 2 倍，最高速率可达 24 Mbit/s。

基于蓝牙技术的设备在网络中所扮演的角色有主设备和从设备之分。主设备负责设定跳频序列，从设备必须与主设备保持同步。主设备负责控制主从设备之间的业务传输时间与速率。在组网方式上，通过蓝牙设备中的主设备与从设备可以形成一点到多点的连接，即在主设备周围组成一个微微网，网内任何从设备都可与主设备通信，而且这种连接无须任何复杂的软件支持，但是一个主设备同时最多只能与网内的 7 个从设备相连接进行通信。同样，在一个有效区域内多个微微网通过节点桥接可以构成散射网。

知识拓展

蓝牙通信技术百度百科知识链接。

扫一扫

4.3.2 ZigBee 技术

ZigBee（译名"紫蜂"）是一种新兴的短距离、低功率、低速率无线接入技术。2001 年 8 月，ZigBee Alliance 正式成立，2004 年 ZigBee 的第一个版本 V1.0 正式诞生，2006 年，ZigBee 2006 推出，修改了 V1.0 版本中存在的一些错误，并对其进行了完善，2007 年，ZigBee Pro 版本推出，随后 2009 年 3 月，ZigBee 采用 IETF 的 IPv6 6Lowpan 标准作为新一代智能电网（Smart Energy）的标准，ZigBee 也将逐渐被 IPv6 6Lowpan 标准所取代。

ZigBee 标准是基于 IEEE 802.15.4 无线标准研制开发的关于组网、安全和应用软件等方面的技术标准，是 IEEE 802.15.4 的扩展集，它由 ZigBee 联盟与 IEEE 802.15.4 工作组共同制定。ZigBee 工作在 2.4 GHz 频段，共有 27 个无线信道，其主要技术的特点如下：

- 功耗低：待机模式下，2 节 5 号电池可以使用 6 ～ 24 个月。
- 低速率：数据传输速率的范围在 20 ～ 250 kbit/s。
- 成本低：ZigBee 数据传输率低，协议简单，成本较低，且 ZigBee 协议免收专利费。
- 容量大：ZigBee 网络中，一个节点可以最多管理 254 个子节点，且该节点还可以由其上一层网络节点进行管理，网络最多可以支持 65 000 多个节点。
- 低延迟：ZigBee 网络相应速度快，节点从睡眠状态转入工作状态只需要 15 ms，节点连接到网络只需要 30 ms。
- 短距离：ZigBee 的传输距离一般在 10 ～ 100 m 的范围。
- 安全性：ZigBee 提供了三级安全模式（分别是网络密钥、链接密钥和主密钥，它们在数据加密过程中使用），保证网络的安全性，采用 AES-128 加密算法，同时可以灵活确定其安全属性。
- 可靠性：采用碰撞避免的策略，并未需要固定带宽的通信业务提供专用时隙，从而避开发送数据的竞争和冲突。

ZigBee 网络中定义了两种无线设备，分别是全功能设备（FFD）和精简功能设备（RFD）。网络中的节点可以分成三种类型，即 ZigBee 协调器节点、路由节点和终端节点，如图 4-5 所示，其中：

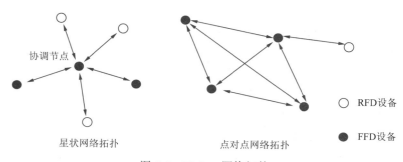

图 4-5　ZigBee 网络拓扑

- 协调器节点：是网络的主要控制者，负责建立新的网络、设定网络参数、管理网络节点等。
- 路由节点：负责路由发现、消息转发等。
- 终端节点：主要是终端的感知设备，如温湿度传感器节点、光照传感器等，它可以由路由节点中转连接到协调器节点，也可以直接与协调器节点连接，从而接入到网络中。但终端节点不允许别的节点通过它接入到网络。

对于 FFD 来说，该节点可以同时具备协调器、路由器和终端节点的功能，而 RFD 则只具有其中一种类型的功能。

扫一扫

知识拓展

6LoWPAN 是一种基于 IPv6 的低速无线个域网标准，即 IPv6 over IEEE 802.15.4。ZigBee 通信技术百度百科知识链接。

4.3.3 UWB 技术

UWB（Ultra Wideband），即超宽带技术，技术标准 IEEE802.15.3a，该技术早期被用来在近距离进行高速数据传输，但近年来，国外开始利用其亚纳米级超窄脉冲来进行近距离的精确室内定位。

UWB 是一种无载波通信技术。它是一种超高速的短距离无线接入技术。它在较宽的频谱上传送极低功率的信号，能在 10 m 左右的范围内实现数百 Mbit/s ～ 1 Gbit/s 的数据传输率，具有抗干扰性能强、传输速率高、带宽极宽、消耗电能小、保密性好、发送功率小等诸多优势。UWB 早在 1960 年就开始开发，但仅限于军事应用，美国 FCC 于 2002 年 2 月准许该技术进入民用领域。不过，目前，学术界对 UWB 是否会对其他无线通信系统产生干扰仍在争论当中。

扫一扫

知识拓展

UWB 通信技术百度百科知识链接。

4.3.4 NFC 技术

NFC（Near Field Communication），即近场通信技术。该技术由飞利浦公司和索尼公司共同研制，并与诺基亚等公司共同发起了 NFC 论坛，它是一种非接触式识别和互联技术，也可以把其视作 RFID 阅读器与智能卡的功能整合在一起的产物，目前，NFC 广泛应用于智能手机等移动设备和消费类电子产品中，利用开启了 NFC 功能的智能手机可以进行公交一卡通、信用卡、门禁等移动支付的应用场景，极大提高了人们支付的便捷性。

NFC 的工作频率在 13.56 MHz，通信距离在 10 cm 以内，传输速率可以支持 106 kbit/s、212 kbit/s 和 424 kbit/s 三种传输速率。

NFC 可以有主动和被动两种数据交换模式，在被动模式下，启动 NFC 主设备，在整个通信过程中提供 RF-Field（射频场），可以选择上述三种速率中的一种，并将数据发送至另一台设备。另一台设备为从设备，其不产生 RF-Field，而使用 Load modulation（负载调制）

技术，以相同的速率将数据回传给发起设备。在主动模式下，发起设备和目标设备则都需要产生自己的 RF-Field，便于进行相互通信。

知识拓展

扫一扫

NFC 通信技术百度百科知识链接。

4.3.5　Z-WAVE 技术

Z-WAVE 是由丹麦的 Zensys 公司所主导推出的一项短距离无线通信技术，Z-WAVE 是一项基于射频的、低成本、低功耗、高可靠性的短距离无线通信技术，它工作的频带有两种类型，分别是美国所使用的 908.42 MHz 和欧洲所使用的 868.42 MHz，采用的调制方式为 FSK（BFSK 二进制频移键控 /GFSK 高斯频移键控），数据传输速率为 9.6 kbit/s，有效的信号覆盖范围在室内可以达到 30 m，室外可以超过 100 m。

目前，Z-WAVE 技术广泛应用于智能家居、商业照明控制等商业应用中，如家电控制、接入控制、安防控制等，如图 4-6 所示，它可以将任何独立的设备转换为智能网络设备，从而实现远程的监测与控制。

图 4-6　Z-WAVE 智能家居应用场景

知识拓展

扫一扫

Z-WAVE 通信技术百度百科知识链接。

4.3.6　IrDA 技术

IrDA 是国际红外数据协会的英文缩写，IrDA 是一种利用红外线进行点对点通信的技术，它在技术上具有移动通信设备所必需的体积小、功率低、耗电量低的特点。IrDA 由于采用点到点的连接，数据传输所受到的干扰较少，速率可达 16 Mbit/s。但是，IrDA 是一种视距传输技术，也就是说具有 IrDA 端口的设备之间如果试图传输数据，中间就不能有阻挡物。其次 IrDA 设备中的核心部件红外线 LED 不是一种十分耐久的部件。

知识拓展

扫一扫

IrDA 通信技术百度百科知识链接。

4.3.7　HomeRF 技术

HomeRF 是专门为家庭用户设计的家庭区域范围内使用的无线数字通信开放新标准。HomeRF 利用跳频扩频方式，通过家庭中的一台主机在移动数据和语音设备之间实现通信，既可以通过时分复用支持语音通信，又可以通过载波监听多重访问 / 冲突避免协议提供数据通信服务。

HomeRF 是 IEEE 802.11 与数字增强无绳电话（Digital Enhanced Cordless Telephone, DECT）的结合，旨在降低语音数据成本。HomeRF 工作在 2.4 GHz 频段，能同步支持 4 条高质量语音信道，目前 HomeRF 的传输速率可以达到 11 Mbit/s。

几种 WPAN 短距离无线通信技术的特点比较如表 4-2 所示。

表 4-2　几种 WPAN 短距离无线通信技术特点比较

技术指标	蓝牙	Zigbee	UWB	NFC	Z-WAVE	IrDA	HomeRF
工作频段	2.4 GHz	2.4 GHz	3.1～10.6 GHz	13.56 MHz	908.42 MHz（美国） 868.42 MHz（欧洲）	红外线	2.4 GHz
传输速率	1Mbps	120～250kbit/s	480 Mbit/s	106 kbit/s 212 kbit/s 424 kbit/s	9.6 kbit/s	16 Mbit/s	6-10 Mbit/s
有效通信距离	10 m	10～100 m	10 m	10 cm 以内	30 m（室内） 100 m（室外）	1 m	50 m
应用前景	中	好	好	好	好	一般	中

扫一扫

 知识拓展

HomeRF 通信技术百度百科知识链接。

4.3.8　Wi-Fi 技术

Wi-Fi 技术，即无线局域网技术，它是利用电磁波在空气中发送和接收数据，无须线缆介质，通信范围不受环境条件限制，传输范围大大拓宽，最大可达几十千米。无线局域网抗干扰性强，保密性好。相对有线网络，无线局域网组建较为容易，配置维护也很简单。由于 WLAN 的这些优点，WLAN 在很多不适合网络布线的场合得到了广泛应用。

1. 无线局域网的基本组成

无线局域网由无线网卡和无线网关组建而成。无线网卡类似于以太网卡，作为无线网络的接口，实现计算机与无线网络的连接。无线网卡有三类：

- PCI 无线网卡：适用于普通的台式计算机。
- USB 无线网卡：适用于笔记本式计算机和台式机，支持热拔插。
- PCMCIA 无线网卡：仅适用于笔记本式计算机，支持热拔插。

无线网关也称无线接入点或无线 AP（Access Point）、无线网桥，其功能类似于有线网络中的集线器。无线 AP 有一个以太网接口，用于实现无线网络和有线网络的连接。

2. 无线局域网的拓扑结构

无论采用哪种传输技术，无线局域网的拓扑结构都可分为两大基本类型：

（1）有中心拓扑

有中心拓扑结构是 WLAN 的基本结构，它至少包含一个 AP 作为中心站构成星形结构。在 AP 覆盖范围内的所有站点之间的通信和接入因特网均由 AP 来控制，AP 类似于有线以太网中的 Hub，因此有中心拓扑结构也称为基础网络结构。

基础结构模式（Infrastructure）由 AP、无线工作站以及分布式系统 DSS（Distribution System Services）构成，覆盖的区域成为基本服务集 BSS（Basic Service Set）。无线工作站与 AP 关联采用 AP 的基本服务区标识符 BSSID（Basic Service Set Identifier）。在 IEEE 802.11 中，BSSID 是 AP 的 MAC 地址。从应用角度出发，绝大多数无线局域网都属于有中心网络拓扑结构。有中心网络拓扑的抗摧毁性差，AP 的故障容易导致整个网络瘫痪。

一个 AP 一般有两个接口，即支持 IEEE 802.11 协议的 WLAN 接口和支持 IEEE 802.3 系列协议的 WAN 接口。在基本结构中，不同站点之间不能直接进行通信，只能通过访问 AP 建立连接。

AP 覆盖范围是有限的，室内一般为 100 m 左右，室外一般为 300 m 左右，对于覆盖较大区域范围时，需要安装多个 AP，这时需要勘察确定 AP 的安装位置，避免邻近 AP 的干扰，考虑频率重用。多个 AP 网络结构与目前蜂窝移动通信网相似，用户可以在网络内进行越区切换和漫游，当用户从一个 AP 覆盖区域漫游到另一个 AP 覆盖区域时，用户站设备搜索并试图连接到信号最好的信道，同时还可随时进行切换，由 AP 对切换过程进行协调和管理。

（2）无中心拓扑

无中心拓扑结构也被称为自组织网络或对等网络，即人们常称的 Ad-Hoc 网络。基于这种结构建立的自组织型 WLAN 至少有两个站，各个用户站（STA）对等互连成网形结构。点对点 Ad-Hoc 对等结构就相当于有线网络中的多台计算机（一般最多是 3 台）直接通过网卡互联，中间没有集中接入设备（没有无线接入点 AP），信号是直接在两个通信端点对点传输的。

在 Ad-hoc 网络的 BSS 中，任一站点可与其他站点直接进行相互通信。一个 BSS 可配置一个 AP，多个 AP 即多个 BSS 就组成了一个更大的网络，称为扩展服务集（ESS）。无中心拓扑结构 WLAN 的主要特点是：无须布线，建网容易，稳定性好，但这个结构容量有限，只适用于个人用户站之间互联通信，不能用来开展公众无线接入业务。

3．无线局域网标准

IEEE 802.11 系列标准是 IEEE 制订的无线局域网标准，主要对网络的物理层和媒质访问控制层进行规定，其中重点是对媒质访问控制层的规定。目前该系列的标准有：IEEE 802.11、IEEE 802.11b、IEEE 802.11a、IEEE 802.11g、IEEE 802.11d、IEEE 802.11e、IEEE 802.11f、IEEE 802.11h、IEEE 802.11i、IEEE 802.11j 等，其中每个标准都有其自身的优势和缺点。下面就 IEEE 已经制订且涉及物理层的 4 种 IEEE 802.11 系列标准：IEEE 802.11、IEEE 802.11b、IEEE802.11a 和 IEEE 802.11g 进行简单介绍。

（1）IEEE 802.11

IEEE 802.11 是最早提出的无线局域网网络规范，是 IEEE 于 1997 年 6 月推出的，它工作于 2.4 GHz 的 ISM 频段，物理层采用红外、跳频扩频(Frequency Hopping Spread Spectrum，FHSS) 或直接序列扩频 (Direct Sequence Spread Spectrum，DSSS) 技术，其数据传输速率最高可达 2 Mbit/s，它主要应用于解决办公室局域网和校园网中用户终端等的无线接入问题。使用 FHSS 技术时，2.4 GHz 频道被划分成 75 个 1 MHz 的子频道，当接收方和发送方协商一个调频的模式，数据则按照这个序列在各个子频道上进行传送，每次在 IEEE 802.11 网络上进行的会话都可能采用了一种不同的跳频模式，采用这种跳频方式避免了两个发送端同时采用同一个子频段；而 DSSS 技术将 2.4 GHz 的频段划分成 14 个 22 MHz 的子频段，数据就从 14 个频段中选择一个进行传送而不需要在子频段之间跳跃。由于临近的频段互相重叠，在这 14 个子频段中只有 3 个频段是互不覆盖的。IEEE 802.11 由于数据传输速率上的限制，在 2000 年也紧跟着推出了改进后的 IEEE 802.11b。但随着网络的发展，特别是 IP 语音、视频数据流等高带宽网络应用的需要，IEEE 802.11b 只有 11 Mbit/s 的数据传输率不能满足实际需要。于是，传输速率高达 54 Mbit/s 的 IEEE 802.11a 和 IEEE802.11g 也都陆续推出。

（2）IEEE 802.11b

IEEE 802.11b 又称为 Wi-Fi，是目前最普及、应用最广泛的无线标准。IEEE 802.11b 工作于 2.4 GHz 频带，物理层支持 5.5 Mbit/s 和 11 Mbit/s 两个速率。IEEE 802.11b 的传输速率会因环境干扰或传输距离而变化，其速率在 1 Mbit/s、2 Mbit/s、5.5 Mbit/s、11 Mbit/s 之间切换，而且在 1 Mbit/s、2 Mbit/s 速率时与 IEEE 802.11 兼容。IEEE 802.11b 采用了直接序列扩频 DSSS 技术，并提供数据加密，使用的是高达 128 位的有线等效保密协议（Wired Equivalent Privacy，WEP）。但是 IEEE 802.11b 和后面推出的工作在 5 GHz 频率上的 IEEE802.11a 标准不兼容。

从工作方式上看，IEEE 802.11b 的工作模式分为两种：点对点模式和基本模式。点对点模式是指无线网卡和无线网卡之间的通信方式，即一台配置了无线网卡的计算机可以与另一台配置了无线网卡的计算机进行通信，对于小规模无线网络来说，这是一种非常方便的互联方案；而基本模式则是指无线网络的扩充或无线和有线网络并存时的通信方式，这也是 IEEE 802.11b 最常用的连接方式。在该工作模式下，配置了无线网卡的计算机需要通过"无线接入点"才能与另一台计算机连接，由接入点来负责频段管理等工作。在带宽允许的情况下，一个接入点最多可支持 1 024 个无线节点的接入。当无线节点增加时，网络存取速度会随之变慢，此时通过添加接入点的数量可以有效地控制和管理频段。

IEEE 802.11b 技术的成熟，使得基于该标准网络产品的成本得到很大的降低，无论家庭还是公司企业用户，无须太多的资金投入即可组建一套完整的无线局域网。当然，IEEE 802.11b 并不是完美的，也有其不足之处，IEEE 802.11b 最高 11 Mbit/s 的传输速率并不能很好地满足用户高数据传输的需要，因而在要求高宽带时，其应用也受到限制，但是可以作为有线网络的一种很好的补充。

（3）IEEE 802.11a

IEEE 802.11a 工作于 5 GHz 频带，但在美国是工作于 U-NII 频段，即 5.15 ~ 5.25 GHz、5.25 ~ 5.35 GHz、5.725 ~ 5.825 GHz 三个频段范围，其物理层速率可达 54 Mbps，传输层可达 25 Mbit/s。IEEE 802.11a 的物理层还可以工作在红外线频段，波长为 850 ~ 950 纳米，信号传输距离约 10 m。IEEE 802.11a 采用正交频分复用（OFDM）的独特扩频技术，并提供 25 Mbit/s 的无线 ATM 接口和 10 Mbit/s 的以太网无线帧结构接口，支持语音、数据、图像业务。IEEE 802.11a 使用正交频分复用技术来增大传输范围，采用数据加密可达 152 位的 WEP。

就技术角度而言，IEEE 802.11a 与 IEEE 802.11b 之间的差别主要体现在工作频段上。由于 IEEE 802.11a 工作在与 IEEE 802.11b 不同的 5 GHz 频段，避开了大量无线电子产品广泛采用的 2.4 GHz 频段，因此其产品在无线通信过程中所受到的干扰大为降低，抗干扰性较 IEEE 802.11b 更为出色。高达 54 Mbit/s 数据传输带宽，是 IEEE 802.11a 的真正意义所在。当 IEEE 802.11b 以其 11 Mbit/s 的数据传输率满足了一般上网浏览网页、数据交换、共享外设等需求的时候，IEEE 802.11a 已经为今后无线宽带网的高数据传输要求做好了准备，从长远的发展角度来看，其竞争力是不言而喻的。此外，IEEE 802.11a 的无线网络产品较 IEEE802.11b 有着更低的功耗，这对笔记本式计算机及 PDA 等移动设备来说也有着重大实用价值。

然而在 IEEE 802.11a 的普及过程中也面临着很多问题。首先，来自厂商方面的压力。IEEE 802.11b 已走向成熟，许多拥有 IEEE 802.11b 产品的厂商会对 IEEE 802.11a 都持保守态度。从目前的情况来看，由于这两种技术标准互不兼容，不少厂商为了均衡市场需求，直接将其产品做成了"a+b"的形式，这种做法虽然解决了"兼容"问题，但也使得成本增加。其次，由于相关法律法规的限制，使得 5 GHz 频段无法在全球各个国家中获得批准和认可。5 GHz 频段虽然令基于 IEEE 802.11a 的设备具有了低干扰的使用环境，但也有其不利的一面，由于太空中数以千计的人造卫星与地面站通信也恰恰使用 5 GHz 频段，这样它们之间产生的干扰是不可避免的。此外，欧盟也已将 5 GHz 频率用于其自己制订的 HiperLAN 无线通信标准。

（4）IEEE 802.11g

IEEE 802.11g 是对 IEEE 802.11b 的一种高速物理层扩展，它也工作于 2.4 GHz 频带，物理层采用直接序列扩频（DSSS）技术，而且它采用了 OFDM 技术，使无线网络传输速率最高可达 54 Mbit/s，并且与 IEEE 802.11b 完全兼容。IEEE 802.11g 和 IEEE 802.11a 的设计方式几乎是一样的。

IEEE 802.11g 的出现为无线传感器网络市场多了一种通信技术选择，但也带来了争议，争议的焦点是围绕在 IEEE 802.11g 与 IEEE 802.11a 之间的。与 IEEE 802.11a 相同的是，IEEE 802.11g 也采用了 OFDM 技术，这是其数据传输能达到 54 Mbit/s 的原因。然而不同的是，IEEE 802.11g 的工作频段并不是 IEEE 802.11a 的工作频段 5 GHz，而是和 IEEE 802.11b 一致的 2.4 GHz 频段，这样一来，使得基于 IEEE 802.11b 技术产品的用户所担心的兼容性问题得到了很好的解决。

 **知识拓展**

Wi-Fi 技术百度百科知识链接。

扫一扫

4.4 LPWAN 低功耗无线广域网技术

根据传输速率的不同，物联网业务分为高、中、低速三类：

- 高速率业务：主要使用 4G 及将来的 5G 技术，例如车载物联网设备和监控摄像头，对应的业务特点要求实时的数据传输。

- 中等速率业务：主要使用 GPRS 技术，例如居民小区或超市的储物柜，使用频率高但并非实时使用，对网络传输速度的要求远不及高速率业务。

- 低速率业务：业界将低速率业务市场归纳为 LPWAN（Low Power Wide Area Network）市场，即低功耗广域网。

对于需要远距离大范围覆盖的场景来说，我们熟悉的蓝牙、Wi-Fi、ZigBee 这些技术都不适合，我们需要低功耗广域网 LPWAN 技术。

LPWAN 技术的特点是：覆盖远，支持大范围组网；连接终端节点多，可以同时连接成千上万的节点；功耗低，只有功耗低，才能保证续航能力，减少更换电池的麻烦；传输速率低，因为主要是传输一些传感数据和控制指令，不需要传输音视频等多媒体数据，所以也就不需要太高的速率，而且低功率也限制了传输速率。当然还有重要的一点就是成本要低。

无线通信技术是物联网的传输基础，随着智慧城市大应用成为热门发展，各种技术推陈出新，目前有多种 LPWAN 技术和标准，在这里我们将重点关注 Sigfox、LoRa、NB-IoT 和 LTE eMTC 这几项 LPWAN 技术。

4.4.1　Sigfox 技术

2009 年，Sigfox 兴起于法国的 Sigfox 公司，是以超窄带（Ultra Narrow Band，UNB）技术建设物联网设备专用的无线网络。被业界视为是 LPWAN 领域最早的开拓者。UNB 技术每秒只能处理 10 ～ 1 000 bit 的数据，传输功耗水平非常低，却能支持成千上万的连接。Sigfox 公司目标成为全球物联网运营商，通过自建及与运营商等多方合作式部署网络，向客户提供物体联网、API 接口、云计算 Web 等服务，客户可通过每台设备每年约 1 美元打包价购买服务。Sigfox 相对封闭，生态系统构建相对缓慢。Sigfox 向芯片制造商免费提供技术，鼓励芯片厂家在其产品中集成 Sigfox 技术。TI、Intel、Atmel、SiliconLab 等公司均生产支持 Sigfox 技术的各种芯片。Sigfox 网络已覆盖法国、西班牙全境，美国、荷兰和英国部分城市。芯片商、方案商、网络运营商组成的 SigFox 生态系统如图 4-7 所示。

图 4-7　SigFox 生态系统

4.4.2　LoRa 技术

LoRa（Long Range Wide Area Network，远距离广域网）是美国 Semtech 公司推广的一种超远距离无线传输方案。2013 年 8 月，Semtech 公司发布了一种基于 1 GHz 以下的超长距低功耗数据传输技术的芯片。LoRa 是长距离（Long Range）的缩写。LoRa 联盟成立于 2015 年 3 月，目前拥有超过 290 多家成员。包括运营商、系统、软件、芯片、模组、云服务、应用厂商，构成完整的生态系统。LoRa 产业链成熟比 NB-IoT 早，针对物联网快速发展的业务需求和技术空窗期，部分运营商选择部署 LoRa，作为蜂窝物联网的补充，如 Orange, SKT, KPN, Swisscom 等。

LoRa 使用线性调频扩频调制技术，工作在非授权频段，数据传输速率在 3 kbit/s~37.5 kbit/s。LoRa 还采用了自适应速率（Adaptive Data Rate，ADR）方案来控制速率和终端设备的发射功率，从而最大化终端设备的续航能力。

LoRa 与 Sigfox 最大的不同之处在于 LoRa 是技术提供商，不是网络运营商。谁都可以购买和运行 LoRa 设备，LoRa 联盟也鼓励电信运营商部署 LoRa 网络。目前国内已经有一些 LoRa 的方案商。

2018 年 4 月 10 日，阿里云与中国联通浙江省分公司联合在中国杭州与宁波部署的基于 LoRa 器件与无线射频技术（LoRa 技术）的物联网平台现已开始试商用。

LoRa 优点在于：①扩大了无线通信链路的覆盖范围（实现了远距离无线传输），②具有更强的抗干扰能力。对于同信道 GMSK 干扰信号的抑制能力达到 20 dB。凭借强大的抗干扰性，LoRa 调制系统不仅可以用于频谱使用率较高的频段，也可以用于混合通信网络，以便在网络中原有的调制方案失败时扩大覆盖范围。典型的 LoRa 网络的网络架构如图 4-8 所示。

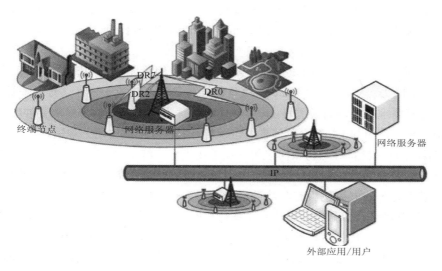

图 4-8　典型的 LoRa 网络的网络架构

4.4.3　NB-IoT 技术

目前在中国最受关注的 LPWAN 技术莫过于 NB-IoT。NB-IoT 作为我国战略性新兴产业之一，在中国政府和市场需求的强烈拉动下，其规模化商用正在不断加速。安富利亚太区总裁傅锦祥表示："目前中国电信、中国移动和中国联通三大运营商已经在全国范围内商用 NB-IoT。作为物联网商用的绝对主角，NB-IoT 技术将会深度渗透到公共事业、物流、汽车，农业、医疗、工业物联和可穿戴设备等行业应用中去。"

1. NB-IoT 的技术特征

NB-IoT（Narrow Band Internet of Things）是 2015 年 9 月在 3GPP 标准组织中立项提出的一种新的窄带蜂窝通信 LPWAN 技术。NB-IoT 构建于蜂窝网络，只消耗大约 180 KHz 的带宽，可直接部署于 GSM 网络、UMTS 网络或 LTE 网络，以降低部署成本、实现平滑升级。NB-IoT 的主要技术特征如图 4-9 所示，体现在以下四个方面：

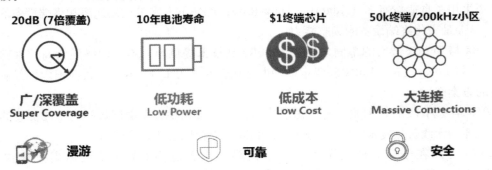

图 4-9　NB-IoT 的主要技术特征

① 大连接：在同一基站的情况下，NB-IoT 可以比现有无线技术提供 50 ～ 100 倍的接入数。每个小区能够支持 5 万用户的连接数，支持低延时敏感度、超低的设备成本、低设备功耗和优化的网络架构。举例来说，受限于带宽，运营商给家庭中每个路由器仅开放 8 ～ 16 个接入口，而一个家庭中往往有多部手机、笔记本式计算机、平板电脑，未来要想实现全屋智能、上百种传感设备需要联网就成了一个棘手的难题。而 NB-IoT 足以轻松满足未来智慧家庭中大量设备联网需求。

② 广 / 深覆盖：NB-IoT 室内覆盖能力强，MCL 比 LTE 提升 20 dB 增益，相当于提升了 100 倍覆盖区域能力。不仅可以满足农村这样的广覆盖需求，对于厂区、地下车库、井盖这类对深度覆盖有要求的应用同样适用。以井盖监测为例，过去 GPRS 的方式需要伸出一根天线，车辆来往极易损坏，而 NB-IoT 只要部署得当，就可以很好地解决这一难题。

③ 低功耗：低功耗特性是物联网应用一项重要指标，特别对于一些不能经常更换电池的设备和场合，如安置于高山荒野偏远地区中的各类传感监测设备，它们不可能像智能手机一天一充电，长达几年的电池使用寿命是最本质的需求。NB-IoT 聚焦小数据量、小速率应用，因此 NB-IoT 设备功耗可以做到非常小，设备续航时间可以从过去的几个月大幅提升到几年。NB-IoT 借助 PSM 和 eDRX 可实现更长待机。其中 PSM（Power Saving Mode，节电模式）技术是 Rel-12 中新增的功能，在此模式下，终端仍旧注册在网但信令不可达，从而使终端更长时间驻留在深睡眠以达到省电的目的。

④ 低成本：与 LoRa 相比，NB-IoT 无须重新建网，射频和天线基本上都是复用的。以中国移动为例，900 MHz 里面有一个比较宽的频带，只需要清出来一部分 2G 的频段，就可以直接进行 LTE 和 NB-IoT 的同时部署。

低速率、低功耗、低带宽同样给 NB-IoT 芯片以及模组带来低成本优势。模块价格也将不超过 5 美元。

2. NB-IoT 的网络架构

NB-IoT 的网络架构如图 4-10 所示。其中：

- NB-IoT 终端通过空口连接到 eNodeB 基站。

- eNodeB 基站主要承担了空口的接入处理以及小区管理等功能，并通过 S1-lite 接口与 IoT 核心网进行连接，将接入层终端采集的数据通过 COAP 或 UDP 协议传送给高层网元处理。

- IoT 核心网主要承担与终端非接入层交互的功能，并将 IoT 业务相关数据转发到 IoT 联接管理平台。

- IoT 联接管理平台将汇聚各个接入网得到 IoT 数据，并根据不同的类型通过 HTTP 等协议转发到业务应用器进行处理。

- 应用服务器是 IoT 数据的最终汇聚点，并根据用户的需求来进行数据处理等操作。

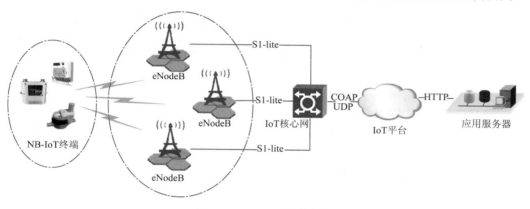

图 4-10 NB-IoT 网络架构

知识拓展

扫一扫

COAP（The Constrained Application Protocol）协议是 IETF（Interment Engineering Task Force）的 CoRE（Constrained RESTful Environment）工作组提出的一种基于 REST 架构的协议，主要针对物联网中很多资源受限的设备所设计的。

3GPP 百度百科知识链接。

4.4.4 LTE eMTC 技术

1. 概述

eMTC 技术是 LTE-M（LTE-Machine-to-Machine）在 3GPP R13 中的定义的一个术语，它是基于 LTE 演进的物联网技术。在之前的 3GPP R12 中，其名称为 Low-Cost MTC，在 R13 中被正式称为 LTE enhanced MTC（即 LTE eMTC）。

eMTC 技术是万物互联技术的一个重要分支，为了更好地适合物 - 物之间通信，降低通信的成本，它对 LTE 协议进行了相应的剪裁和优化。eMTC 是一种基于蜂窝网络进行部署的物联网技术，用户设备可通过支持 1.4 MHz 的射频和基带带宽，可以直接接入现有的

LTE 网络。

eMTC 与 NB-IoT 技术一样，都属于 3GPP 标准中定义的 LPWA 技术，两者的标准化进程、产业发展及现有的网络应用也是在一起向前推进，但它们也存在一定的差异，如图 4-11 所示，NB-IoT 更倾向于对成本和覆盖有更高要求的物联网应用，而 eMTC 则更侧重于对语音、移动性、速率以及时延有较高要求的物联网应用。

图 4-11　eMTC 与 NB-IoT 技术比较

2．eMTC 作为 LPWAN 的优势

eMTC 技术具备了 LPWAN 的四大基本特征，即广覆盖、大连接、低功耗、低成本。

① 广覆盖：eMTC 技术比 LTE 技术增强 15 dB，比 GPRS 增强 11 dB，信号可以覆盖到地下 2~3 层，弥补了 4G 室外基站无法实现全覆盖的问题。

② 大连接：eMTC 技术支持每个小区超过 1 万个终端，能满足海量用户接入的需求。

③ 低功耗：终端待机时间长，eMTC 终端的待机时间最多可达 10 年。

④ 低成本：eMTC 通信模块在产业链的不断推动下，其生产成本在不断降低。

4.4.5　几种 LPWAN 网络技术的比较

不同的低功耗 LPWAN 技术在不同的场景应用下都有着各自的优势，如表 4-3 所示，列举了的几种常见的 LPWAN 低功耗无线广域网技术特点比较。

表 4-3　几种 LPWAN 低功耗无线广域网技术特点比较

LPWAN 技术	频谱	信道带宽	吞吐率	容量	覆盖	时延	网络定位
SigFox	非授权	100 Hz	<100 bit/s	NA	NA	NA	广域物联网技术 SigFox 与运营商合作建网
LoRa	非授权	125 kHz 500 kHz	<50 kbit/s	NA	MCL=155 dB	NA	广域物联网技术 独立建网、干扰不可控、可靠性差
NB-IoT	授权	180 kHz	<250 kbit/s	>50 k	MCL=164 dB	10 s	广域物联网技术 低成本、电信级、安全可靠
LTE eMTC	授权	1.4 MHz	<1 Mbit/s	>50 k	MCL=155 dB	<100 ms	广域物联网技术 相对低成本、电信级、安全可靠

注：MCL（Maximum Coupling Loss，最大耦合损耗）表示覆盖性能，表示用户设备（UE）和网络节点 eNode（eNB）天线口之间的最大信道损耗，它是数据还能正常传输的临界值。

4.5 串口通信技术

4.5.1 串口通信技术概述

串口通信在物联网通信技术中是一个非常重要的组成部分，很多物联网底层的感知终端采集的数据都会通过串口进行上报，因此，对于一个物联网底层应用的开发工程师亦或是一个嵌入式开发工程师来说，串口通信将是一个非常熟悉的模块。

例如，目前比较常见的 C51 单片机通信、ARM 的 STM32 单片机、TI 的 MSP430 单片机等的相关物联网底层的开发都离不开串口通信技术。

4.5.2 相关术语

了解并掌握串口通信技术，需要对以下的相关术语进行理解：

1. 串行通信（Serial Communication）和并行通信 (Parallel Communication)

所谓串行通信，是指通信双方使用一条或两条数据信号线相连，同一时刻，数据在一条数据信号线上只能按位进行顺序传送，每一位数据都占据一个固定的时间长度。

所谓并行通信，是指以字节（Byte）或字节的倍数为传输单位，一次传送一个或一个以上字节的数据，数据的各位同时进行传送。计算机的各个总线数据的传输就是以并行的方式进行的。

如图 4-12 所示，串行通信与并行通信相比，串行通信的缺点是速度较低，但是它传输线少、成本低、适合远距离的传输，也易于扩展，所以在物联网的底层通信方式中，串行通信是一种经常采用的通信技术。此外，在计算机上常用的 COM、USB、Ethernet、Bluetooth 等端口都属于串行接口。

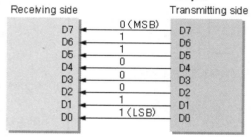

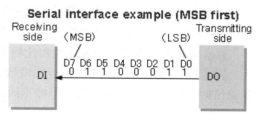

图 4-12　并行通信和串行通信

2. 异步串行通信（Asynchronous serial communication）和同步串行通信（Synchronous serial communication）

异步串行通信中，接收方和发送方各自使用自己的时钟，即它们的工作是非同步的，在异步通信传输中，如图 4-13 所示，每一个字符都要用起始位和停止位作为字符的开始和结束的标识，以字符为单位逐个字符发送和接收。

异步通信传输时，每个字符的组成格式首先用一个起始位表示字符的开始；后面紧跟着的是字符的数据字，数据字通常是 7 位或 8 位数据（低位在前，高位在后），在数据字中可根据需要加入奇偶校验位；最后是停止位，其长度可以是一位或两位。串行传送的数据字加上成帧信号的起始位和停止位就形成了一个串行传送的帧。起始位用逻辑"0"低电平表示，停止位用逻辑"1"高电平表示。

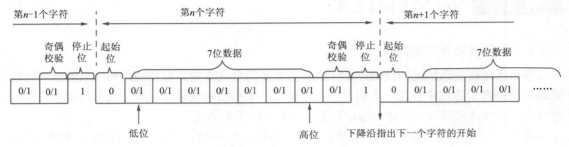

（a）数据字为7位ASCⅡ码时的通信格式

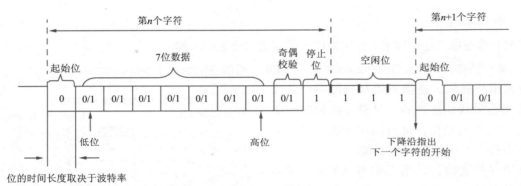

（b）有空闲位时的通信格式

图 4-13　异步通信的格式

在异步通信数据传送中，通信双方必须约定好两项事宜：
- 字符格式：包括字符的编码形式、奇偶校验以及起始位和停止位的规定。
- 通信速率：通信速率通常使用比特率来表示。

同步串行通信是一种连续串行传输数据的通信方式，通信时，一次只传送一帧信息。同步通信的信息帧与异步通信的字符帧不同，其一般包含若干个字符数据。

根据数据链路控制规程，数据格式分为面向字符的数据传输和面向比特的数据传输两种。其中，面向字符型的同步通信数据格式可采用单同步、双同步和外同步三种格式，如图 4-14 所示。单同步和双同步均由 SYNC 同步字符、数据字节字符和 CRC 校验字符等三部分组成，单同步是指在传送数据之前先传送一个"SYNC"，而双同步则先传送两个"SYNC"。外同步的数据格式中没有同步字符，而是用一条专用控制线来传送同步字符，来实现接收端及发送端的同步。

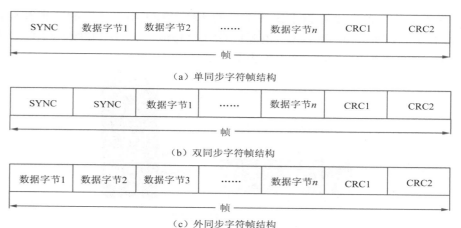

图 4-14　面向字符型同步通信数据格式

面向比特型的同步通信数据格式如图 4-15 所示，它是根据同步数据链路控制规程（SDLC），将面向比特型的数据帧分为六个部分组成：

第一部分：开始标志"7EH"。

第二部分：一个字节的地址场。

第三部分：一个字节的控制场。

第四部分：需要传送的数据，数据都是位（bit）的集合。

第五部分：两个字节的循环冗余码 CRC。

第六部分："7EH"，作为结束标志。

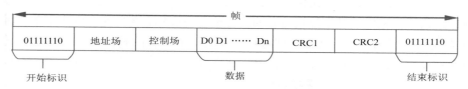

图 4-15　面向比特型同步通信数据格式

3．串口（Serial Port）

串口是用于实现串行通信的物理接口的统称。串口的出现是在 1980 年左右，最初，它是为了实现连接计算机外设为目的，比如连接鼠标、外置 Modem、写字板等设备。串口还可以用于两台计算机（或设备）之间的互连及数据传输。目前，大部分便携式笔记本式计算机的主板上已经开始取消这个接口，而是将它更多地用于工业控制和测量设备以及部分通信设备中，例如，很多物联网的终端设备中将采用此接口。

按照通信的方式，串口又分为同步串行接口（Synchronous Serial Interface，SSI）和异步串行接口（Universal Asynchronous Receiver/Transmitter, UART），即通用异步接收和发送器。UART 是一个并行输入转为串行输出的芯片，一般集成在主板上，它包含 TTL 电平的串口和 RS232 电平的串口。TTL 电平是 3.3 V，RS232 是负逻辑电平，+5 V~+12 V 为低电平，-12 V~-5 V 为高电平。

一般串口有两种物理标准，即 D 型 9 针接口（D9 型接口）和 4 针杜邦接口两种。

图 4-16 所示是目前在电路板上比较常见的 4 针 UART 串口，有的还带有杜邦插针。UART 一般有 4 个 PIN 引脚，即 VCC（电源）、GND（接地）、RXD（接收）和 TXD（发送），用 TTL 电平，低电平为 0（0 V），高电平为 1（3.3 V 或以上）。

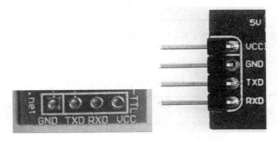

图 4-16　UART 串口

图 4-17 所示是 D9 型接口，常见于计算机的主板上，该种接口的协议有 RS-232 和 RS485 两种。

图 4-17　D9 型串口

4．波特率（Baud rate）和比特率（Bit rate）

在数据通信的信道中，携带数据信息的信号单元一般称之为码元，它表示单位时间内载波调制状态或信号状态变化的次数，即每秒钟通过信道传输的码元的数量称为码元传输速率，也就是波特率，波特率也可以称之为符号速率（Symbol Rate）和调制速率（Modulation Rate）。它是传输信道频宽的一个重要指标。

比特率是指在单位时间内传输的比特（bit）数，单位为"bit per second"（bit/s）。在通信和计算机领域，比特率指的是信号（用数字二进制位表示）通过系统处理或传输的速率，也就是单位时间内处理或传输二进制位的数据量。

波特率和比特率有时会被混淆，比特率实际上是对数据传输率的度量，而波特率则是单位时间内码元符号的个数，通过不同的调制方法可以在一个码元上承载多个比特信息。例如，在两相调制中（即单个调制状态对应一个二进制位的比特率），比特率的数值是等同于波特率的；在四相调制中（即单个调制状态对应两个二进制位）的比特率是波特率的 2 倍；在八相调制中（即单个调制状态对应三个二进制位）的比特率是波特率的 3 倍；以此类推，可以知道波特率和比特率的关系是：比特率 = 波特率 × 单个调制状态对应的二进制位数。

4.5.3　串口调试软件

串口调试软件是串口调试的相关工具，目前有较多支持串口调试的软件，如图 4-18 所示，

SSCOM 就是其中一款串口调试软件，可以打开 PC 上开启的串口（端口），并可以向其发送数据，也可以接收串口反馈的数据。

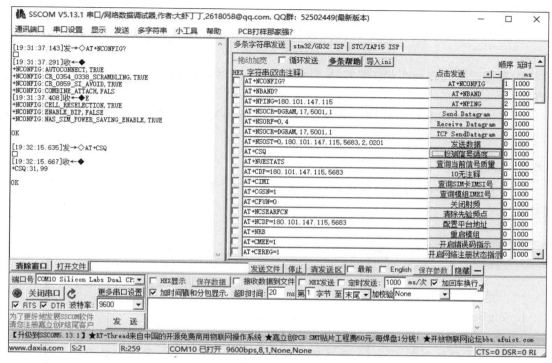

图 4-18　串口调试软件

4.6　物联网通信技术认知实践

4.6.1　实践目的

本次实践的主要目的是：

① 了解不同的物联网通信技术各自有什么特点。

② 了解移动通信技术的特点及其在物联网中的作用。

③ 了解短距离无线通信技术的特点及其在物联网中的作用。

④ 了解 LPWAN 低功耗无线广域网技术的特点及其在物联网中的作用。

⑤ 了解串口通信技术的特点及其在物联网中的作用。

4.6.2　实践的参考地点及形式

本次实践可以在具备物联网实训平台、实验箱、中国电信 IoT 联接管理平台、中国移动 ONENET IoT 管理平台、物联网虚拟仿真平台等感知设备的实训室中实施，还可以通过 Internet 搜索引擎查询的方式进行。

4.6.3　实践内容

实践内容包括以下几个要求：

① 通过手机蓝牙功能进行点对点蓝牙组网通信，并尝试进行文件的收发。

② 打开手机的 NFC 功能，并利用搜索引擎查看当前 NFC 在哪些领域有相关应用，尝试说出其工作过程。

③ 使用无线路由器和 AP 进行无线局域网的组建，配置无线访问密码并进行终端接入。

④ 登录天翼物联网产业联盟网站（http://www.tianyiiot.com/），了解 NB-IoT 技术相关内容。

⑤ 通过串口调试软件学习串口参数的设置、打开和关闭串口操作，以及发送和接收串口信息。

4.6.4　实践总结

根据上述实践内容要求，完成物联网感知技术的实践总结，总结中需要体现上述五个要求。

4.7　习　题

一、选择题

1. ZigBee 协议栈是在（　　）标准基础上建立的。

　　A．IEEE 802.15.4　　B．IEEE 802.15.3　　C．IEEE 802.3　　D．IEEE 802.11

2. ZigBee 网络设备（　　）发送网络信标、建立一个网络、管理网络节点、存储网络节点信息、寻找一对节点间的路由消息、不断地接收信息。

　　A．协调器　　　　　　　　　　　　B．全功能设备（FFD）

　　C．精简功能设备（RFD）　　　　　　D．路由器

3. （　　）指主干网络到用户终端之间的所有设备。其长度一般为几百米到几千米，被形象地称为"最后一公里"。

　　A．局域网　　　　B．广域网　　　　C．接入网　　　　D．移动网

4. 下列（　　）技术不属于低功耗无线广域网技术。

　　A．LoRA　　　　B．FDD - LTE　　　C．NB-IoT　　　D．LTE eMTC

5. 下列（　　）接口不属于串行接口。

　　A．USB 接口　　　B．Ethernet 接口　　C．COM 接口　　D．SCSI 接口

二、填空题

1. 4G 移动通信技术有哪两个主要标准？　＿＿＿＿＿＿＿＿、　＿＿＿＿＿＿＿＿。

2. ZigBee 的频段有 ＿＿＿＿＿＿＿、　＿＿＿＿＿＿＿ 和 2.4 GHz，其中，2.4 GHz 是全球通用频段，传输速率为 ＿＿＿＿＿＿＿＿＿。

3. 无线网络分为 ＿＿＿＿＿＿＿、　＿＿＿＿＿＿＿、无线城域网和 ＿＿＿＿＿＿＿＿＿。

4. 无线局域网的拓扑结构有两种，分别是 ＿＿＿＿＿＿ 和 ＿＿＿＿＿＿＿＿。

5. ＿＿＿＿＿＿＿ 是全球移动通信系统的简称。GSM 是第一个商业运营的第 2 代（2G）＿＿＿＿＿＿＿ 移动通信系统。

三、判断题

1. 基于蓝牙技术的设备在网络中所扮演的角色有主设备和从设备之分。　　　（　　）

2. 开启了 NFC 功能的智能手机可以进行公交一卡通、信用卡等移动支付功能。（　　）

3. Z-WAVE 是由丹麦的 Zensys 公司所主导推出的一项低功耗无线广域网通信技术。

　　　（　　）

4. 如果要利用 NB-IoT 技术来立相关的行业应用，则需要搭建该应用的 NB 通信基站。

　　　（　　）

5. IrDA 是一种视距传输技术。　　　（　　）

嵌入式系统技术

引言

典型工作任务工作过程描述：本章知识支撑的物联网应用技术专业的典型工作任务是物联网移动应用程序开发。该典型工作任务的工作过程描述如图 5-1 所示。

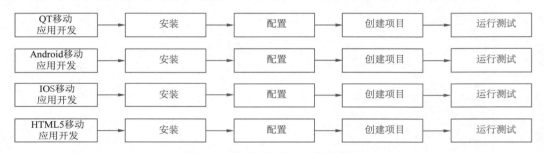

图 5-1 典型工作任务工作流程图

内容结构图

集成开发环境的搭建是物联网移动应用程序开发的重要组成部分，是学习物联网移动应用程序开发的基础，以 QT、Android、IOS、HTML5 这四种物联网移动应用程序开发常用技术为例，介绍物联网移动应用程序集成开发环境的搭建过程：首先下载对应的集成开发工具，Qt Creator、Android studio、Xcode 以及 Dreamweaver CS6，下载完成后安装集成开发工具并进行配置，配置完成后创建项目，最后运行项目测试集成开发环境是否搭建成功。

在完成该典型任务的工作过程中所需的理论知识结构如图 5-2 所示。

学习目标

通过对本章内容的学习，学生应该能做到：

• 理解嵌入式系统的概念、组成、特征。

• 了解嵌入式系统的发展史，能描述嵌入式系统的主要应用领域。

• 了解典型的嵌入式系统，能分析其主要结构和特点。

• 理解典型的嵌入式开发技术的基本架构，能分析其主要优势。

• 掌握典型嵌入式开发技术主流集成开发环境的搭建，会开发、运行简单的应用。

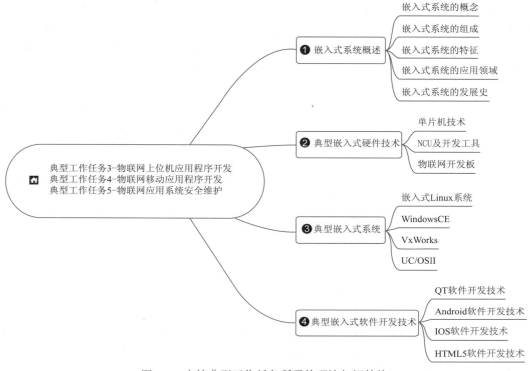

图 5-2　支持典型工作任务所需的理论知识结构

5.1　嵌入式系统概述

物联网是多学科交叉融合的产物，嵌入式系统作为物联网的重要组成部分，在物联网中发挥着重要作用。物联网中的物体通过嵌入式系统进行信息处理和传输，嵌入式系统的发展对物联网的发展有着深远影响。

5.1.1　嵌入式系统的概念

根据电气和电子工程师协会（IEEE）的定义，嵌入式系统是用于控制、监视或者辅助设备、机器操作的装置。从狭义上说，嵌入式系统是使用 32 位以上的嵌入式微处理器构成的独立系统，具有自己的操作系统并具有某些特定功能。从广义上说，嵌入式系统是以应用为中心，以计算机技术为基础，软硬件可裁剪，适用于对功能、可靠性、成本、体积、功耗等有严格要求的应用系统的专用计算机系统。通常，嵌入式系统是一个控制程序存储在 ROM 中的嵌入式处理器控制板，是集软、硬件于一体的可独立工作的器件。

嵌入式系统是一种专用计算机系统，完全嵌入受控器件内部，为特定应用而设计。嵌入性、专用性、计算机系统是嵌入式系统的三大核心要素。嵌入性是指嵌入到目标系统中且满足目标系统的环境需求，如满足目标系统的物理环境、成本等；专用性是指按目标系统的要求对软、硬件进行裁剪；计算机系统则是指嵌入式系统必须是在目标系统中实现智能化功能的计算机系统。

5.1.2　嵌入式系统的组成

嵌入式系统是一个专用计算机系统，因而在组成上具有一般计算机组成的共性，包括硬件和软件两部分，嵌入式系统硬件是嵌入式系统软件运行的基础，提供了嵌入式系统软件运行的物理平台和通信接口；嵌入式系统软件是嵌入式系统的控制核心，控制系统运行，提供人机交互。如图 5-3 所示，嵌入式系统由硬件层、中间层、系统软件层和应用软件层组成。

图 5-3　嵌入式系统组成

硬件层包含嵌入式微处理器、存储器（SDRAM、ROM、Flash 等）、通用设备接口和 I/O 接口（A/D、D/A、I/O 等）、人机交互接口等。

嵌入式微处理器是硬件层的核心，由计算机中的 CPU 演变而来，将 CPU 许多由板卡完成的任务集成在芯片内部，只保留和嵌入式应用相关的功能，去除其他的冗余部分，体积小、重量轻、成本低、可靠性高。嵌入式微处理器在体系结构上可以采用冯·诺依曼体系或哈佛体系，指令系统选用精简指令系统（Reduced Instruction Set Computer，RISC）或复杂指令系统（Complex Instruction Set Computer，CISC）。嵌入式微处理器种类繁多，不同种类的嵌入式微处理器体系结构、时钟频率、数据总线宽度往往各不相同，主要的嵌入式微处理器类型有 MIPS、SC-400、Power PC、ARM 等。图 5-4 所示为 ARM Cortex A15。

图 5-4　ARM Cortex A15

在嵌入式系统中，存储器用来存放代码，包括 Cache、主存和辅助存储器。Cache 位于主存和嵌入式微处理器之间，存放最近一段时间使用最频繁的程序代码和数据。在进行数据读取操作时，微处理器会优先从 Cache 中读取数据，从而提高微处理器和主存之间的数据传输速率，缓解存储器访问瓶颈。主存是嵌入式微处理器能直接访问的寄存器，位于嵌入式微处理器的内部或外部，用来存放系统和用户的程序及数据，容量据具体的应用而定，通常分为 ROM 和 RAM 两大类。辅助存储器用来存放数据量较大的代码和数据，与主存相比容量大但读取速度慢，常见的有硬盘、CF 卡、MMC 和 SD 卡等。

通用设备接口和 I/O 接口是嵌入式系统和外界交互的通道，目前嵌入式系统中常用的通用设备接口有 A/D（模 / 数转换接口）、D/A（数 / 模转换接口）, I/O 接口有 RS-232 接口（串行通信接口）、Ethernet（以太网接口）、USB（通用串行总线接口）、音频接口和 VGA 视频输出接口等。

中间层也称为硬件抽象层或板级支持包，位于硬件层和系统软件层之间，实质是一个位于底层硬件和操作系统之间的软件层，完成嵌入式系统的硬件初始化、硬件设备驱动等相关工作。借助中间层，上层软件与底层硬件分离开来，上层软件的设计与开发无须关心底层硬件的具体情况。

系统软件层由嵌入式操作系统、文件系统、图形用户接口、网络系统等组成。嵌入式操作系统是指用于嵌入式系统的操作系统，是系统软件层的核心，也是嵌入式系统的重要组成部分。嵌入式操作系统负责嵌入式系统中软、硬件资源的分配和任务调度工作，控制、协调并发活动，能够通过装卸某些模块满足嵌入式系统的需求。与通用操作系统相比，嵌入式操作系统具有小巧、高实时性、专用性强、可装卸等特点。目前广泛使用的嵌入式操作系统有：嵌入式 Linux、Windows CE.NET、VxWorks、UC/OSII 等。

应用软件层由基于嵌入式操作系统开发的应用程序组成，根据具体的应用需求完成相应的功能，为了便于用户操作，一般提供友好的人机交互界面。

5.1.3 嵌入式系统的特征

嵌入式系统面向用户、面向应用，是计算机技术、半导体技术和电子技术与各个行业的具体应用相结合后的产物，是技术密集、资金密集、不断创新的知识集成系统，其主要特征表现在以下几个方面：

1. 体积小、重量轻、功耗低

嵌入式系统面向特定应用，环境资源有限，因而要求嵌入式系统的体积和重量尽可能小，不能对应用本身产生影响；同时嵌入式系统所工作的环境往往采用电池供电，为保证系统能长时间工作，功耗不能过高。

2. 专用性强

与桌面计算机不同，嵌入式系统面向的是一个特定的应用领域，其软硬件都需要针对特定应用量身定制，因而要求嵌入式系统需具有可装卸性，能够根据不同的应用场景进行移植和装卸。

3. 系统差异大

嵌入式系统面向特定应用，其应用领域从航空航天到日常生活无处不在，不同应用领域对系统的要求往往各不相同，从而导致了嵌入式系统种类繁多，不同应用领域的嵌入式系统差异较大。

4. 软件固态化

基于执行速度和系统可靠性方面的考虑，嵌入式系统中的软件一般都固化在存储器芯片中，而不存储在磁盘等载体中。

5．对实时性、可靠性要求高

嵌入式系统一般工作在实时环境下，要求系统能够对外部事件做出及时反应，因而嵌入式系统一般都是实时系统。嵌入式系统对可靠性的要求与系统的应用领域有关，通常较高，在载人航天等重要应用领域，对系统可靠性要求极高。

5.1.4　嵌入式系统的应用领域

嵌入式系统体积小、功能性强、可靠性高，广泛应用于社会生活的各个领域，主要包括：

1．工业控制

在工业控制领域，嵌入式系统主要应用于工业过程控制、可编程控制器、数控装置、工业机器人、电力系统等方面。早期的工业控制系统采用的一般是 8 位单片机，随着工业控制对智能化的要求不断提高，32 位、64 位的处理器逐渐成为主流。

2．交通管理

在交通管理领域，嵌入式系统主要应用在车辆导航、流量管理、信息监测、汽车服务等方面。随着车载嵌入式系统的不断发展，带有 GPS 模块、GSM 模块的导航定位系统在运输行业获得了广泛应用，并成为智慧物流的一个重要组成部分。

3．军事国防

在军事国防领域，嵌入式系统最初被应用于武器控制中，随后应用于指挥通信系统。目前，在军事通信、武器控制、电子对抗、雷达等很多方面，嵌入式系统都获得了广泛应用，发挥着重要作用。

4．生活家居

生活家居领域是目前嵌入式系统应用最广泛的领域，各种家电的智能化，水、电、煤气的远程自动抄表，安全防火、防盗等的实现都依赖于嵌入式系统。随着智能家居的发展，嵌入式系统在生活家居领域起着越来越重要的作用。

5．环境监控

环境监控也是嵌入式系统的一个重要应用领域，例如水土质量监测、地震监测、实时气象、水源和空气污染监测、农业生产环境监控等。在很多环境恶劣、地况复杂的地区，嵌入式系统可实现 24 小时无人监测，应用前景巨大。

6．医疗设备

将嵌入式系统应用于医疗设备是医疗设备发展的最新趋势。目前，CT、磁共振、彩超、心脏起搏器、手术室的麻醉监控系统、配药系统等大量医疗设备使用嵌入式系统，借助嵌入式系统，远程医疗、数字化医院等先进医疗理念正在逐步变为现实。

5.1.5　嵌入式系统的发展史

嵌入式的概念最早出现在 20 世纪 70 年代，从 20 世纪 70 年代单片机的出现到今天各种嵌入式系统的广泛应用，嵌入式系统的发展大致经历了以下四个阶段：

1．无操作系统阶段

在无操作系统阶段，嵌入式系统的应用基于单片机，以可编程控制器的形式出现，完成监测、设备指示等功能，通常应用于各类工业控制系统中。由于没有操作系统的支持，所以只能通过汇编语言对系统进行直接控制。这一阶段嵌入式系统的特点是：无操作系统，结构和功能单一；处理效率低；存储容量小；几乎没有用户接口。

2．简单操作系统阶段

20 世纪 80 年代，微电子工艺水平进一步提高，制造商开始把嵌入式系统所需的微处理器、I/O 接口、串行接口、主存等部件集成到一片超大规模集成电路上，并尝试使用一些简单的嵌入式操作系统。这一阶段嵌入式系统的主要特点是：可靠性高、功耗低的嵌入式 CPU 和简单的嵌入式操作系统大量出现并快速发展。此时的嵌入式操作系统初步具有了一定的兼容性、扩展性，主要功能是控制系统负载和监控应用程序。

3．实时操作系统阶段

20 世纪 90 年代，数字化通信、柔性制造、分布式控制等的市场需求巨大，在这些的推动下，嵌入式系统得到了进一步发展。随着硬件实时性要求的不断提高，嵌入式操作系统的规模越来越复杂，从简单操作系统发展为实时多任务操作系统。这一阶段嵌入式系统的主要特点是：操作系统的实时性得到了很大增强；能够运行在各种不同类型的微处理器上，兼容性好；内核小；效率高；模块化程度和扩展性较高；具备文件管理、目录管理、设备管理功能；支持网络、多任务，提供图形用户界面和大量应用程序接口。

4．面向 Internet 阶段

21 世纪以来，网络技术飞速发展，将嵌入式系统应用到网络环境中成为嵌入式系统发展的趋势。近年来，随着物联网技术的飞速发展，嵌入式系统越来越多地与 Internet 相结合，成为将物体接入网络的重要媒介。这一阶段嵌入式系统的特点主要是：嵌入式系统不再是一个孤立的系统，开始接入网络，可移植性进一步增强；系统内核精简；软硬件成本和功耗降低；硬件开发工具和软件支持包种类丰富；人机交互界面更加友好；通用计算机上的很多新技术、新观念逐步植入嵌入式系统。

5.2 典型嵌入式硬件技术

5.2.1 单片机技术介绍

单片机，又称微控制器（MCU）或嵌入式控制器，通常是指基于超大规模集成电路技术将具有数据处理能力的中央处理器（CPU）、随机存储器（RAM）、只读存储器（ROM）、I/O 接口、中断系统、定时器、计数器等部件集成到一块硅片上构成的一个小而完善的微型计算机系统。单片机不是一块完成某些逻辑功能的芯片，而是将计算机基本部件微型化并集成到一块芯片上的微型计算机，与计算机相比，单片机只缺少了 I/O 设备。

单片机诞生于 1971 年，其发展历程大致经历了 SCM、MCU、SoC 三个阶段。

1．SCM 阶段

SCM 阶段即单片微型计算机阶段，这一阶段单片机技术的主要发展方向是寻求单片形态嵌入式系统的最佳体系结构，早期的 SCM 单片机都是 4 位或 8 位的，其中比较有代表性的是 INTEL 的 8051。

2. MCU 阶段

MCU 阶段，即微控制器（Micro Controller Unit）阶段，这一阶段单片机技术的主要发展方向是不断扩展满足嵌入式应用目标系统所需的各种外围电路与接口电路，突显系统的智能化控制能力。此阶段，电气、电子技术厂商在发展单片机技术方面发挥了重要的作用，Philips 公司凭借其在嵌入式应用方面的巨大优势，将 MCS-51 从单片微型单片机迅速发展到微控制器型单片机。

3. SoC 阶段

SoC（System on Chip），也称片上系统，将微处理器、模拟 IP 核、数字 IP 核和存储器集成在单一芯片上，通常是面向客户定制或面向特定用途的标准产品。在这一阶段，单片机技术的主要发展方向是寻求应用系统在芯片上的最大化解决，单片机从单片微型计算机、单片微控制器延伸到单片应用系统。从狭义角度看，SoC 是信息系统核心的芯片集成，将系统关键部件集成在一块芯片上；从广义角度看，SoC 则是一个微型系统。SoC 有两个显著的特点：一是硬件规模巨大；二是软件比重大，需要软硬件协同设计。SoC 始于 20 世纪 90 年代中期，随着半导体工艺的发展，集成电路设计者能够将大量复杂的功能集成到单硅片上，SoC 正是在集成电路向集成系统转变的过程中产生的，是集成电路发展的必然趋势，也是单片机技术未来的发展方向。

按照单片机单次处理数据的宽度，可以将其分为 4 位机、8 位机、16 位机、32 位机和 64 位机五种类型，其中，家用电器主要使用 4 位机，工业应用则需使用 8 位机以上的类型。基于硬件特性层面考虑，单片机有以下特点。

① 基于模块化设计，系统结构简单，使用方便。

② 可靠性高，无故障工作时间可达 $10^6 \sim 10^7$ 小时。

③ 处理能力强，运算速度快。

④ 体积小，功耗低，易植入其他系统。

⑤ 适应性好，抗干扰能力强，能应对多种恶劣环境。

随着物联网的飞速发展，单片机已经渗透到我们生活的方方面面，广泛应用于航天航空、家用电器、医用设备、工业控制、商业金融等领域，在智能化管理、智能化控制等方面发挥着重要作用。

51 单片机。

5.2.2　MCU 及开发工具介绍

目前，单片机开发主要还是以 MCU 单片机为主，主流的 MCU 单片机厂商有意法半导体（ST）、德州仪器（TI）等，不同厂商的 MCU 芯片和所对应的开发工具也各不相同。下面介绍两款主流的 MCU 开发工具 STM32CubeMX 和 Keil（MDK-ARM）。

1. STM32CubeMX

STM32CubeMX 是意法半导体近几年大力推荐的 STM32 芯片图形化配置工具，允许用户使用图形化向导生成 C 初始化代码，可以大大减少单片机开发的时间和费用。STM32Cube-

MX 支持 STM32 全系列绝大部分芯片的开发，具有如下特点：

① 可直观地选择 MCU 型号和指定系列、封装、外设数量等条件。

② 微控制器支持图形化配置。

③ 自动处理引脚冲突。

④ 动态设置时钟树，生成系统时钟配置代码。

⑤ 动态设置外围、中间件模式。

⑥ 功耗预测。

⑦ 既可独立使用，也可作为 Eclipse 插件使用。

STM32CubeMX 运行环境的搭建包括两个部分：首先是搭建 Java 运行环境，STM32CubeMX 要求 Java 运行环境版本在 1.7 以上；其次是安装 STM32CubeMX，采用默认安装即可。

2. Keil（MDK-ARM）

Keil（MDK-ARM）是美国 Keil 软件公司（已被 ARM 公司收购）出品的支持 ARM 微控制器的一款集成开发环境，用来开发基于 ARM 系列微控制器的嵌入式应用程序。Keil（MDK-ARM）包含了工业标准的 Keil C 编译器、宏汇编器、调试器、实时内核等组件，支持 ST、Atmel、Freescale、NXP、TI 等众多主流厂商的微控制器芯片，能帮助不同层次的开发者按照计划完成项目。

Keil（MDK-ARM）具有如下特点：

① 完美支持 Cortex-M、Cortex-R4、ARM7 和 ARM9 系列器件。

② 具有行业领先的 ARM C/C++ 编译工具链。

③ TCP/IP 网络套件提供多种协议和各种应用。

④ 提供带标准驱动类的 USB 设备和 USB 主机栈。

⑤ 为图形用户接口的嵌入式系统提供完善的 GUI 库支持。

⑥ 可实时分析运行中的应用程序，且能记录 Cortex-M 指令的每一次执行。

⑦ 符合 Cortex 微控制器软件接口标准（CMSIS）。

知识拓展

STM32 和 ARM。

扫一扫

5.2.3 典型物联网开发板介绍

树莓派（Raspberry Pi）是为学习计算机编程教育而设计的一种微型计算机。2012 年 3 月，英国剑桥大学的埃本·阿普顿正式了世界上最小的台式机，又称为卡片式计算机，其外形只有信用卡大小，却具有计算机的所有基本功能，这就是 Raspberry Pi 计算机板，中文译名"树莓派"。树莓派由注册于英国的慈善组织"Raspberry Pi 基金会"开发，基金会以提升学校计算机科学及相关学科的教育、让计算机变得有趣为宗旨。

树莓派是一款基于 ARM 的微型计算机主板，以 SD/MicroSD 卡为内存硬盘，卡片主板周围有 1/2/4 个 USB 接口和一个 10/100 以太网接口，可连接键盘、鼠标和网线，同时拥有视频模拟信号的电视输出接口和 HDMI 高清视频输出接口，以上部件全部整合在一张仅比信用卡稍大的主板上，具备所有 PC 的基本功能。

树莓派配件种类繁多，包括 SD 卡、USB 键盘、鼠标、HDMI 接口的显示器、HDMI 信号线、USB 电源、Micro-USB 连接线、Wi-Fi 适配器、USB HUB、网线、外壳等。连接各种配件后，树莓派能完成桌面计算机的多种用途，包括文字处理、电子表格甚至游戏，还可以播放 1080 p 的高清视频。

树莓派早期有 A 和 B 两个型号，2014 年 7 月和 11 月又分别推出了 B+ 和 A+ 两个型号，随后又发布了树莓派 2B 型号，当前最新型号是树莓派 3B，各种型号的差异如图 5-5 所示。树莓派以 Python 作为主要编程语言，支持 Java、C 和 Perl 等编程语言。树莓派长宽高分别为 85.60 mm、56 mm 和 21 mm，重 45 g，可以在诸如京东、淘宝等购物网站很方便地购买到所需的树莓派。

项目	Raspberry Pi B	Raspberry Pi B+	Raspberry Pi A+	Raspberry Pi 2 Model B	Raspberry Pi Zero	Raspberry Pi 3 Model B
发布时间	2011-12	2014-07-14	2014-11-11	2015-02-02	2015-11-26	2016-02-29
SoC	BCM2835	BCM2835	BCM2835	BCM2836	BCM2835	BCM2837
CPU	ARM1176JZF-S核心 700MHz 单核	ARM1176JZF-S核心 700MHz 单核	ARM1176JZF-S核心 700MHz 单核	ARM Cortex-A7 900MHz 四核	ARM1176JZF-S核心 700MHz 单核	ARM Cortex-A53 1.2GHz 四核
GPU	Broadcom VideoCore IV, OpenGL ES 2.0, 1080p 30 h.264/MPEG-4 AVC 高清解码器					
RAM	512MB	512MB	256MB	1GB	512MB	1GB
USB接口	USB2.0 × 2	USB2.0 × 4	USB2.0 × 1	USB2.0 × 4	Micro USB2.0 × 1	USB2.0 × 4
视频接口	RCA视频接口输出，支持PAL和NTSC制式，支持HDMI(1.3和1.4)，分辨率为640 x 350 至1920 x 1200 支持PAL 和 NTSC制式。	支持PAL和NTSC制式，支持HDMI(1.3和1.4)，分辨率为640 x 350 至1920 x 1200 支持PAL 和 NTSC制式。	支持PAL和NTSC制式，支持HDMI(1.3和1.4)，分辨率为640 x 350 至1920 x 1200 支持PAL 和 NTSC制式。	支持PAL和NTSC制式，支持HDMI(1.3和1.4)，分辨率为640 x 350 至1920 x 1200 支持PAL 和 NTSC制式。	支持PAL和NTSC制式，支持HDMI(1.3和1.4)，分辨率为640 x 350 至1920 x 1200 支持PAL 和 NTSC制式。	支持PAL和NTSC制式，支持HDMI(1.3和1.4)，分辨率为640 x 350 至1920 x 1200 支持PAL 和 NTSC制式。
音频接口	3.5mm 插孔，HDMI (高清晰度多音频/视频接口)	3.5mm 插孔，HDMI (高清晰度多音频/视频接口)	3.5mm 插孔，HDMI (高清晰度多音频/视频接口)	3.5mm 插孔，HDMI (高清晰度多音频/视频接口)	HDMI (高清晰度多音频/视频接口)	HDMI (高清晰度多音频/视频接口)
SD卡接口	标准SD卡接口	Micro SD卡接口	Micro SD卡接口	Micro SD卡接口	Micro SD卡接口	Micro SD卡接口
网络接口	10/100 以太网接口 （RJ45接口）	10/100 以太网接口 （RJ45接口）	无	10/100 以太网接口 （RJ45接口）	无	10/100 以太网接口 （RJ45接口），内置WiFi、蓝牙。
GPIO接口	26PIN	40PIN	40PIN	40PIN	40PIN	40PIN
额定功率	700毫安(为3.5W)	600毫安(为3.0W)	未知，但更低	1000毫安(为5.0W)	未知，但更低	未知，但更高
电源接口	MicroUSB 5V	MicroUSB 5V	MicroUSB 5V	MicroUSB 5V	MicroUSB 5V	MicroUSB 5V
尺寸	85.60 × 53.98 mm	85 × 56 × 17 mm	65 × 56 mm	85 × 56 × 17 mm	65 × 30 × 5 mm	85 × 56 × 17 mm
官方定价	35美元	35美元	20美元	35美元	5美元	35美元

图 5-5　树莓派各版本差异

扫一扫

知识拓展

树莓派入门教程。

5.3　典型嵌入式系统

5.3.1　嵌入式 Linux

嵌入式 Linux 是嵌入式操作系统家族的一个新成员，近几年已成为嵌入式操作系统领域的研究热点。嵌入式 Linux 是指根据嵌入式系统的不同需求，对 Linux 进行裁剪后，固化在存储器或单片机等设备中，应用于特定嵌入式场合的专用 Linux 操作系统。嵌入式 Linux 与一般 Linux 的区别在于 Linux 内核：嵌入式 Linux 的内核以嵌入式应用的需求为目标对通用 Linux 内核进行修改，应用于嵌入式系统；一般 Linux 的内核则应用于通用 PC 平台。

1. 嵌入式 Linux 的特点

与其他嵌入式操作系统相比，嵌入式 Linux 有以下特点：

（1）层次结构、内核完全开放

Linux 由很多体积小、性能高的微内核系统组成，内核代码完全开放，不同领域的用户可以根据自己的需要对内核进行修改，在低成本的前提下设计和开发出满足自己需要的嵌入式 Linux。

（2）良好的网络和文件支持功能

Linux 诞生于因特网时代且具有 UNIX 的特性，所以支持所有的标准因特网协议，可以利用 Linux 的网络协议栈开发 TCP/IP 网络协议栈。此外，Linux 支持 romfs、ext2、fate16、fate32 等多种文件系统，便于嵌入式系统的应用开发。

（3）开发环境友好

嵌入式 Linux 有一整套完整的工具链，嵌入式系统开发环境和交叉运行环境容易搭建，可轻松跨越嵌入式系统开发中仿真工具带来的障碍。同时，Linux 符合 IEEE POSIX.1 标准，应用程序具有较好的可移植性。

（4）硬件支持广泛

Linux 支持各种主流硬件设备，兼容最新硬件技术，无论是 RISC 还是 CISC、32 位还是 64 位的各种处理器，Linux 都能运行，甚至在没有存储管理单元的处理器上，Linux 也能正常运行。

（5）市场前景巨大

Linux 源代码公开且版权费免费，因而大批公司投入到嵌入式 Linux 的研发中，开发了大量成熟的嵌入式 Linux 产品，越来越多的嵌入式系统采用嵌入式 Linux 作为操作系统。

2. 嵌入式 Linux 下的应用开发步骤

嵌入式系统资源有限，直接在嵌入式系统的硬件平台上进行开发比较困难，通常先在通用计算机上编写程序，通过交叉编译，生成可在目标平台运行的二进制代码，最后下载到目标平台上运行。具体步骤如下：

（1）建立嵌入式 Linux 交叉开发环境

交叉开发环境是编译、链接、调试嵌入式应用软件所需的环境，通常采用宿主机/目标机模式。目前，嵌入式 Linux 交叉开发环境主要包括开放型和商业型两种，开发型交叉开发环境的代表是 GNU 工具链，支持 x86、ARM、PowerPC 和 MIPS 等多种处理器；商业型交叉开发环境的代表有 ARM Software Development、Microsoft Embedded Visual C++ 等。

（2）交叉编译、链接

嵌入式软件的编码通常在通用计算机上完成，而嵌入式系统是基于 ARM、MIPS、PowerPC 等系列微处理器的，因而需要在建立好的交叉开发环境中完成代码的编译和链接。代码在经过交叉编译、链接后，通常会生成两种可执行文件：用于调试的可执行文件和用于固化的可执行文件。

（3）交叉调试

交叉调试分为硬件调试和软件调试。硬件调试可以通过在线仿真器完成；也可以由 CPU

直接在其内部实现调试功能，再通过开发板上的调试端口发送调试命令和接受调试信息来完成调试。软件调试分为本地调试和远程调试两种：本地调试需将所需的调试器移植到目标系统，然后直接在目标机上通过调试器完成调试；远程调试则需移植一个调试服务器到目标系统，通过它与宿主机上的调试器共同完成调试。

（4）系统测试

嵌入式系统开发完成后，需要对系统进行硬件测试和软件测试。硬件测试一般由专门的测试仪器完成；软件测试通常包括两种形式：基于目标机的测试和基于宿主机的测试。基于目标机的测试需要花费较多的时间，成本较高，但能够反映软件的真实运行情况；基于宿主机的测试在仿真环境中进行，成本较低，但难以完全反映软件的真实运行情况。两种形式的软件测试各有利弊，可以发现软件不同方面的缺陷，需要根据实际情况进行合理取舍。

Fsmlabs 公司的 RT-Linux 是一款典型的嵌入式 Linux，其结构如图 5-6 所示。RT-Linux 采用双内核机制，除了非实时的 Linux 内核外，还在硬件平台上增加了一个高效、可抢先的实时内核 RT-Linux，全面接管中断，将 Linux 作为此实时内核的一个优先级最低的进程运行，从硬件发出的中断请求由 RT-Linux 内核接收，根据需要提交给 Linux 进程或 RT-Linux 进程。当有实时任务需要处理时，RT-Linux 执行实时任务；无实时任务需要处理时，RT-Linux 执行 Linux 的非实时进程。

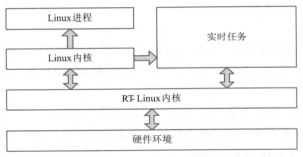

图 5-6　RT-Linux 结构图

5.3.2　Windows CE.NET

Windows CE.NET 是 Windows CE 3.0 的后继产品，是为嵌入式系统重新设计的一个健壮的实时嵌入式操作系统，具有可移植性好、代码少、可裁剪、响应速度快等特点，支持 ARM、MIPS 等多系列处理器和 Java、MFC 等多种通用开发技术。

Windows CE 不仅继承了传统的 Windows 图形界面，并且支持 Windows 95/98 上的编程工具，使得 Windows 95/98 上的绝大多数软件只需简单修改就可以移植到 Windows CE 上继续使用。

1．Windows CE 的发展历史

Windows CE 从诞生至今一共经历了 7 个不同的版本。

1996 年 Windows CE 1.0 版本发布，并应用到一些 PDA 产品中，如 20 世纪 90 年代中期卡西欧推出第一款采用 Windows CE 1.0 操作系统的蛤壳式 PDA。

Windows CE 2.0 与 Windows CE 1.0 相比，速度更快，彩色显示，具有 Windows 界面，熟悉 Windows 95 的人可以很快掌握 Windows CE 的使用。

Windows CE 3.0 是通用版本，除了掌上设备外，通用 PC 、工控设备和家电也可以安装运行，集成了 Word、Excel 等日常办公软件，娱乐性方面也大大增强。

Windows CE 4.0 即 Windows CE.NET 是首个以 .NET 命名的操作系统，2002 年推出，是 Windows CE 3.0 的升级版，加入了 .NET Framework 精简版，支持蓝牙和 .NET 应用开发。随后，微软又推出了 Windows CE 4.1、Windows CE 4.2，对先前版本的功能进一步丰富和完善。

2004 年 5 月，微软发布 Windows CE 5.0，这是微软的第一个提供商业用途衍生授权的操作系统，开放了 250 万行源代码作为评估套件，个人、厂商可以对这些源代码修改后使用。

2006 年 11 月，微软发布 Windows CE 6.0，首次在"共享源计划"中完全开放 Windows CE 6.0 内核，允许设备制造商根据许可协议条款访问、修改和重新发布源代码，且不需与微软或其他方共享最终的设计成果。

2010 年 6 月，微软发布 Windows CE 7.0，并正式更名为 Windows Embedded Compact 7。与先前版本相比，该版本在内核方面作了很大改进，所有系统元件由 EXE 改为 DLL，采用全新的虚拟内存架构和设备驱动程序架构，同时支持 User Mode 和 Kernel Mode 两种驱动程序，可以运行 32 768 个工作元，每一工作元的虚拟内存上限由 32 M 增加到系统总虚拟内存。

2. 基于 Windows CE.NET 的嵌入式系统的体系结构

基于 Windows CE.NET 的嵌入式系统通常为层次结构，其体系结构如图 5-7 所示，从下向上依次是硬件层、OEM（Original Equipment Manufacturer）层、操作系统层和应用层。硬件层和 OEM 层由硬件 OEM 厂商提供，操作系统层由微软提供，应用层由软件开发商提供。硬件层位于最底层，是由 CPU、存储器、板卡和各种周边设备等组成的嵌入式硬件系统。OEM 层是位于硬件层和操作系统层之间的硬件抽象层，主要作用是对硬件进行抽象并提供访问接口，操作系统通过 OEM 层提供的 API（Application Programming Interface）访问具体硬件，无须直接和硬件打交道。操作系统层包括 Windows CE.NET 的各种组件，用户可以根据具体需求选择需要的组件，量身定制。应用层位于最顶层，主要包括 Windows CE.NET 应用程序、客户应用程序、Internet 客户服务、用户接口等部分。

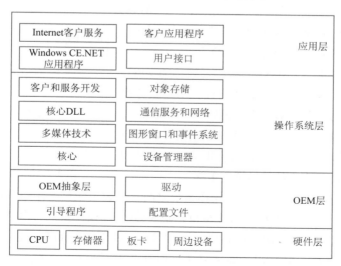

图 5-7　基于 Windows CE.NET 的嵌入式系统的体系结构

3．基于 Windows CE.NET 的嵌入式系统的开发流程

基于 Windows CE.NET 的嵌入式系统的开发流程如图 5-8 所示。

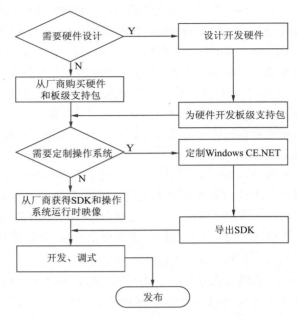

图 5-8　基于 Windows CE.NET 的嵌入式系统的开发流程

5.3.3　VxWorks

VxWorks 是美国 WindRiver 公司于 1983 年设计开发的一种嵌入式实时操作系统，是嵌入式开发环境 Tornado 的重要组成部分。VxWorks 自问世以来，以其良好的持续发展能力、高性能的内核、友好的用户开发环境、卓越的可靠性和实时性被广泛应用于通信、军事、航空航天等实时性要求较高的领域，美国的 F16 战斗机、B-2 隐形轰炸机、爱国者导弹、2012 年 8 月登陆火星的"好奇号"火星车都使用了 VxWorks。

如图 5-9 所示，VxWorks 主要包括以下模块：内核、板级支持包、文件系统、网络系统、I/O 系统。

VxWorks 的内核是 VxWorks 的核心，被称为 wind，主要包括任务管理、内存管理、时钟管理、中断服务程序、事件和异步信号服务、消息队列服务、信号量服务、定时服务和出错异常处理。wind 提供了基本的多任务运行环境，允许多任务同时进行，默认采用基于优先级的抢占式调度策略，同时也支持轮转调度策略。

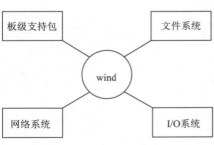

图 5-9　VxWorks 的主要模块

板级支持包位于硬件和 VxWorks 操作系统之间，屏蔽了底层硬件的多样性，为 VxWorks 操作系统提供访问各种硬件的统一软件接口，是 VxWorks 操作系统可移植的关键。

VxWorks 支持四种文件系统：dosFS、rt11FS、rawFS 和 tapeFS，支持 SCSI 磁带设备的本地文件系统，允许在一个 VxWorks 系统上同时存在不同的文件系统。

VxWorks 的网络系统遵循标准的 Internet 协议，提供了强大的网络功能，采用 TCP/IP 和

UDP/IP 协议在不同主机之间传送数据，支持文件的远程存取和远程过程调用。

VxWorks 的 I/O 系统快速灵活且与 ANSI C 兼容，包括 UNIX 标准的缓冲 I/O 和 POSIX 标准的异步 I/O。

5.3.4 UC/OSII

UC/OSII 是一个可以基于 ROM 运行、可移植、可固化、可裁剪的多任务实时操作系统，适用于多种微处理器、微控制器。UC/OSII 的前身是 UC/OS，由美国嵌入式系统专家 Jean J.Labrosse1992 年在《嵌入式系统编程》杂志上发布。UC/OSII 源代码公开，是开源软件，但并不是免费软件，可以免费用于教学和私下研究，用于商业用途则需获得商用许可。

严格地说 UC/OSII 只是一个实时操作系统内核，仅包含了任务调度、任务管理、时间管理、内存管理和任务间的通信等基本功能，没有提供输入 / 输出管理、文件系统、网络系统等部分。UC/OSII 开放源代码且具有良好的可扩展性，因此这些没有提供的功能可由用户自己来实现。

为了提供最好的移植性能，UC/OSII 绝大部分代码用 C 语言编写，仅 CPU 硬件相关部分是用约 200 行汇编语言编写。UC/OSII 具有执行效率高、占用空间小、实时性好和扩展性强等特点，已经移植到近 40 多种处理器体系上，涵盖了从 8 位到 64 位的各种 CPU。

UC/OSII 主要由核心模块、任务处理模块、时间处理模块、任务同步与通信模块、CPU 的移植模块等 5 个模块组成。

核心模块是 UC/OSII 的核心，维持 UC/OSII 的基本工作，包括操作系统初始化、操作系统运行、中断进出的前导、时钟节拍、任务调度、事件处理等部分。

任务处理模块处理各种与任务相关的操作，包括任务的建立、删除、挂起、恢复等。UC/OSII 中最多可以支持 256 个任务，分别对应优先级 0 ~ 255，其中 0 为最高优先级，255 为最低优先级。

时间处理模块也叫时钟模块，完成任务延时等操作。UC/OSII 的时间管理是通过定时中断来实现的，该定时中断一般为 10 毫秒或 100 毫秒发生一次，时间频率可通过对硬件系统的定时器编程来设置。

任务同步与通信模块主要用于任务间的相互联系和对临界资源的访问，包括信号量、邮箱、邮箱队列、事件标志等部分。

CPU 的移植模块通常由汇编语言编写，包括中断级任务切换的底层实现、任务级任务切换的底层实现、时钟节拍的产生和处理、中断的相关处理等部分。

5.4 典型嵌入式软件开发技术

5.4.1 QT 开发技术

QT 本身不是一种编程语言，而是一个跨平台的 C++ 应用程序开发框架，早期主要用于开发 GUI 程序，经过多年发展，QT 不但拥有了完善的 C++ 图形库，更集成了数据库、OpenGL 库、多媒体库、网络、脚本库、XML 库、WebKit 库等，极大地丰富了 QT 开发大规模复杂跨平台应用程序的能力。使用 QT 开发应用程序，只需一次编写代码便可在不同桌面和嵌入式系统部署应用程序。

QT 由奇趣科技的两位创始人于 1990 年着手开发，1995 年奇趣科技发布 QT1.0 版本，2008 年奇趣科技被诺基亚收购，2012 年芬兰 IT 业务供应商 Digia 公司全面收购诺基亚 QT 业务及技术。

1．QT5 基本模块

QT 当前最新版本是 QT5.10，QT5 采用新的模块化代码库，移植时只需移植所需模块，从而使移植变得更加便捷。QT5 将所有功能模块分为三个部分：QT 基本模块、QT 扩展模块、QT 开发工具。QT 基本模块是 QT 的核心，定义了适用于所有平台的基础功能，包括：QT Core、QT Gui、QT Multimedia、QT Network、QT Qml、QT Quick、QT Sql、QT Test 和 QT Webkit，如图 5-10 所示。QT 扩展模块是完成某些特殊功能的额外模块，仅在某些平台使用，包括：QT 3D、QT Bluetooth、QT Concurrent、QT Location、QT OpenGL 等。QT 开发工具为 QT 应用开发提供支持，包括 QT 帮助系统、QT 设计器、QT 用户界面工具。

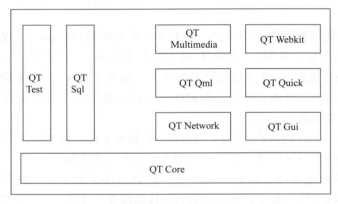

图 5-10　QT5 基本模块

2．QT 的优点

QT 易于扩展，且支持组件编程，具有如下优点：

① 优良的跨平台特性，支持 Windows、Linux、Mac OS X、UNIX、Solaris 等多个系列的操作系统。

② 面向对象，模块化程度高，可重用性好。

③ API 丰富，包括多达 250 个以上的 C++ 类。

④ 支持 2D、3D 图形渲染，支持 OpenGL。

⑤ 支持 Xml。

⑥ 开发文档丰富。

3．Windows 平台下的 QT 应用开发

QT 作为跨平台的 C++ 应用程序开发框架，同时支持桌面应用程序开发、嵌入式应用开发和移动应用开发，主要用于在 PC、嵌入式设备上进行图形用户界面应用程序的开发，支持的平台包括 Linux、OS X、Windows、VxWorks、QNX、Android、iOS、BlackBerry、Sailfish OS 等，覆盖了现有的所有主流平台。使用 QT 开发的产品众多，如 3D 建模和动画软件 Autodesk Maya、办公软件 WPS、语音聊天工具 YY 语音、网页浏览器 Opera、Linux

操作系统上最流行的桌面环境之一 KDE、暴雪战网客户端、游戏软件极品飞车等。

QT 以 C++ 为基础，可按以下步骤进行学习：

① QT 的基本介绍，重点了解历史、现状、应用场景、开发语言、常用开发环境、所需前置知识等内容。

② C++ 的语言基础，掌握 C++ 常用语法，理解封装、继承、多态等面向对象程序语言的基本知识。

③ QT 常用控件，包括 QPushButton、QLabel、QLineEdit、QRadioButton、QCheckBox 等。

④ QT 布局，包括水平布局、垂直布局、栅格布局等，尝试将常用控件与布局结合使用完成一些简单的功能。

⑤ QT 复杂控件，包括 QListView、QTableView、QTreeView 等，熟悉添加数据的方法以及选中、单击、右键菜单等常用操作。

⑥ QT 数据结构、集合类、文件，包括 QList、QVector、QMap、QFile、QDir 等。

⑦ QT 绘图 QPainter、使用 qss 样式表美化界面、多线程、网络等。

下面以 QT5.8 为例，介绍如何在 Windows 平台下开发 QT 应用。

（1）下载

在 QT 主页的下载页面 https://download.qt.io/official_releases/qt/ 选择 QT5.8，进入版本选择页面，下载 QT 桌面开发版 qt-opensource-windows-x86-mingw530-5.8.0.exe，如图 5-11 所示。

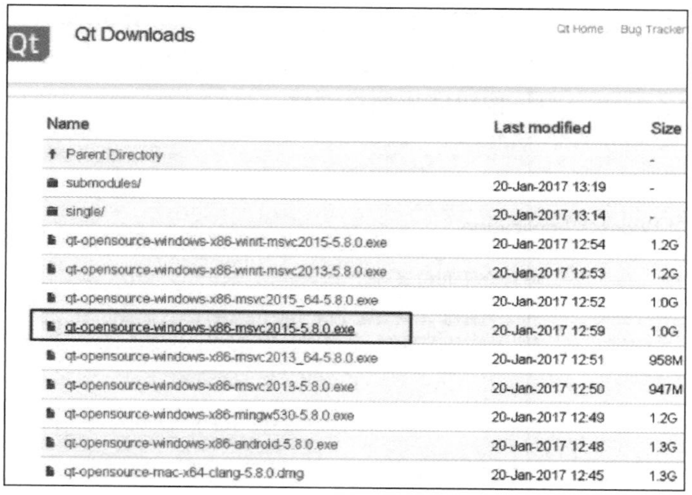

Qt Downloads

Qt Home Bug Tracker

Name	Last modified	Size
Parent Directory		-
submodules/	20-Jan-2017 13:19	-
single/	20-Jan-2017 13:14	-
qt-opensource-windows-x86-winrt-msvc2015-5.8.0.exe	20-Jan-2017 12:54	1.2G
qt-opensource-windows-x86-winrt-msvc2013-5.8.0.exe	20-Jan-2017 12:53	1.2G
qt-opensource-windows-x86-msvc2015_64-5.8.0.exe	20-Jan-2017 12:52	1.0G
qt-opensource-windows-x86-msvc2015-5.8.0.exe	20-Jan-2017 12:59	1.0G
qt-opensource-windows-x86-msvc2013_64-5.8.0.exe	20-Jan-2017 12:51	958M
qt-opensource-windows-x86-msvc2013-5.8.0.exe	20-Jan-2017 12:50	947M
qt-opensource-windows-x86-mingw530-5.8.0.exe	20-Jan-2017 12:49	1.2G
qt-opensource-windows-x86-android-5.8.0.exe	20-Jan-2017 12:48	1.3G
qt-opensource-mac-x64-clang-5.8.0.dmg	20-Jan-2017 12:45	1.3G

图 5-11　QT 开发环境搭建步骤 1

（2）安装

运行下载好的 qt-opensource-windows-x86-mingw530-5.8.0.exe，首先看到的是欢迎界面，单击“Next”按钮进入账户设置页面，如图 5-12 所示，这里可以直接登录 QT 账号，如果没有可以注册，登录或注册与否都不影响安装，此处直接单击“Skip”按钮跳过，并按提示进行后续操作完成安装。

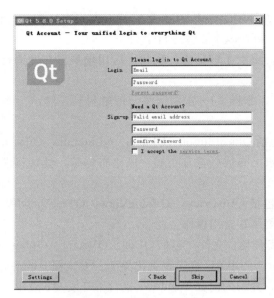

图 5-12　QT 开发环境搭建步骤 2

（3）创建 QT 项目

从 Windows "开始" 菜单中选择 "Qt5.8.0" → "Qt Creator 4.2.1 (Community)"，QtCreator 是 QT 官方的开发环境，为 QT 开发提供了良好的支持。运行 Qt Creator 4.2.1 (Community)，选择 "文件" → "新建文件" 或 "项目" → "Application" → "Qt Widgets Application"，输入项目名称 helloworld，选择项目存放路径，如图 5-13 所示，然后选择默认选项，依次单击 "下一步" 按钮完成项目创建。

图 5-13　QT 项目创建步骤 1

（4）运行 QT 项目

对源文件 main.cpp 中的代码进行修改，如图 5-14 所示，保存后选择 "构建" → "运行" 命令，即可看到运行效果，如图 5-15 所示。

图 5-14　QT 项目创建步骤 2

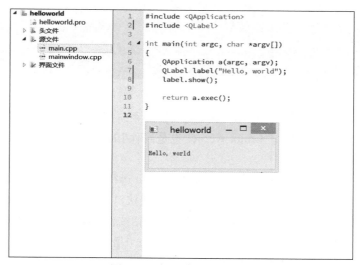

图 5-15　QT 项目运行效果

5.4.2　Android 开发技术

Android 是一种基于 Linux 的开放源代码的操作系统，由 Google 公司和开放手机联盟共同开发，广泛应用于智能手机、平板电脑等各种移动设备。Android 最初由 Android 之父 Andy Rubin 于 2003 年 10 月开发，2005 年 Google 公司收购了 Andy Rubin 的 Android 公司。2007 年，Google 公司对外展示了 Android 操作系统，与 84 家硬件制造商、软件开发商和电信营运商组建开放手机联盟，共同推动 Android 的发展，随后以 Apache 开源许可证的授权方式开放了 Android 源代码。2008 年 10 月，第一部 Android 智能手机问世。2011 年第一季度，Android 智能手机在全球的市场份额跃居第一。2017 年，Android 智能手机的全球市场占有率高达 85.9%，是目前全球智能手机最主要的两大阵营之一。

1．Android 系统架构

Android 的系统架构采用分层架构的思想，架构清晰，层次分明，从底向上分为四层，分别是：Linux 内核层（Linux Kernel）、系统库和 Android 运行环境层（Libraries and Android Runtime）、应用框架层（Application Framework）和应用程序层（Applications），如图 5-16 所示，其中蓝色部分是 java 程序，黄色部分是虚拟机，绿色部分是 C/C++ 语言编写的程序库，红色部分是 Linux 内核和驱动。

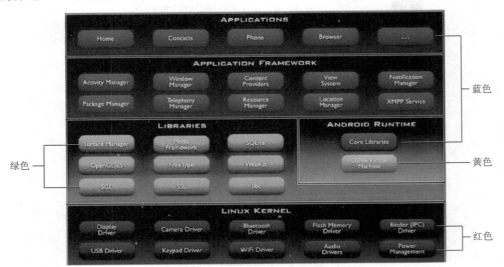

图 5-16　Android 系统架构

Linux 内核层基于 Linux 2.6 为 Android 提供核心系统服务，如安全、内存管理、进程管理、网络堆栈、驱动模型等。同时，Linux Kernel 也是硬件和软件之间的抽象层，隐藏具体硬件细节而为上层提供统一的服务。

系统库和 Android 运行环境层包括系统库和 Android 运行环境两部分。系统库基于 C/C++ 本地语言实现，通过 JNI 接口向应用程序框架层提供编程接口，包括标准 C 系统库、多媒体框架、SGL、SQLite、WebKit 等九个部分。Android 运行环境包括核心库和 Dalvik 虚拟机，前者是 Android 的核心库，兼容了大多数 Java 语言所需调用的功能函数；后者是一种基于寄存器的 Java 虚拟机，主要完成生命周期管理、堆栈管理、线程管理、安全管理、异常管理和垃圾回收等重要功能。

应用程序框架层是 Android 应用开发的基础，为开发者提供了一系列的 Java API，包括图形用户界面组件 View、SQLite 数据库、Service 组件、资源管理器、通知管理器等部分。

应用程序层通常由 Java 语言编写，每一个应用程序由一个或多个活动组成，活动以 Activity 类为超类，可在多种状态之间进行切换，类似操作系统中的进程。Android 本身提供了 SMS 短消息、联系人、电话、浏览器等众多核心应用，开发者可以使用应用程序框架层的 API 开发自己的应用程序，借助 Java 的跨平台性质，开发的应用程序无须重新编译即可在任何一个安装 android 系统的设备上运行。

2．Android 的优势

Android 的第一个版本 Android 1.0 于 2008 年 9 月 23 日正式发布，随后版本不断更新，目前，Android 的最新版本是 Android 9.0。Android 作为目前全球最大的智能手机操作系统，其优势主要表现在以下几个方面：

（1）开源化

Android 是开源操作系统，从底层系统到上层用户类库都是完全开放的。任何个人、组织都可以查看 Android 源代码，也可以基于 Google 发布的版本开发自己的 Android 系统，例如华为、三星等大手机厂商都有自己开发的个性化 Android 操作系统。

（2）平台多元化

除了智能手机外，Android 还在平板电脑、互联网电视、车载导航仪、智能手表及其他智能硬件上被广泛应用，在自动驾驶相关产业中 Android 也得到了广泛使用。

（3）Dalvik 虚拟机

Dalvik 虚拟机相对于 Java 虚拟机有诸多不同：Dalvik 虚拟机基于寄存器、Java 虚拟机基于栈；Java 虚拟机运行的是 class 文件，Dalvik 虚拟机运行的是 dex 文件；Dalvik 在低速 CPU 上的性能更高，对内存的使用更加高效，更能满足移动应用开发的需要。

（4）丰富的第三方应用

受益于 Android 开源化的管理原则，在 Android 平台上开发应用不需要 Google 认证，开发和发布应用非常容易，所以 Android 平台上的应用种类繁多，内容丰富。

（5）与 Google 的无缝集成

由于同属 Google 公司，Android 可以和 Google 的地图服务、邮件系统、搜索服务等无缝集成，很多功能强大的 Google 应用已经嵌入了 Android 操作系统。

3．Windows 平台下的 Android 应用开发

Android 开发技术广泛应用于基于 Android 操作系统的手机、平板电脑等移动设备，应用市场巨大。Android 技术开发的应用在进行调试时既可以在集成开发环境所提供的模拟器中进行，也可直接在装有 Android 操作系统的移动设备中进行。

Android 开发一般分为底层开发和应用开发两个方向，底层开发是源码级开发，如虚拟机开发、底层驱动开发等系统 ROM 相关的开发，需要掌握 Linux 和 C/C++，学习难度较大；应用开发则是调用应用框架层提供的 API 开发 Android 应用，人才需求较大，需要具备 Java 语言基础，可按以下步骤进行学习：

① Android 的基本介绍，重点了解历史、现状、应用场景、开发语言、常用开发环境、所需前置知识等内容。

② Java 语言基础，包括 Java 基本数据类型与表达式、类与对象、Java IO、Java 常用 API 等。

③ Android UI 开发，包括 Android 基本控件、Android 高级控件、自定义控件、布局、对话框与菜单、多 Acitivity 管理等。

④ Android 常用组件，包括服务、广播、ContentProvider、页面容器等。

⑤ Android 数据存储，包括 IO 操作、文件、SharedPreferences、SQLite 等。

⑥ Android 多媒体、Android 图形、Android 游戏开发、Android 网络通信等。

Android 应用开发目前常用的开发环境有两种：一种是 Eclipse+Android SDK+ADT 的集成开发环境，另一种是 Google 的 Android studio，后者是目前 Android 的官方建议开发环境。

无论使用哪种开发环境，首先都需要搭建 Java 开发环境。下面以 Android studio 3.0 为例介绍如何在 Windows 平台下开发 Android 应用。

（1）搭建 Java 开发环境

Android studio 3.0 所需 Java 开发环境的最低版本是 JDK8，首先，访问 Java 下载页面 http://www.oracle.com/technetwork/java/javase/downloads/jdk8-downloads-2133151.html，根据 Windows 操作系统版本下载 32 位或者 64 位的 JDK 并按提示安装，如图 5-17 和图 5-18 所示。

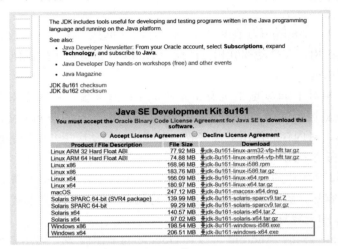

图 5-17　下载 JDK 8

图 5-18　安装 JDK 8

（2）下载安装 Android studio 3.0

从 http://www.android-studio.org/index.php/download 下载 Android studio 3.0 并按提示安装，如 5-19 所示。

（3）下载 Android studio 3.0 的 SDK

安装完成后，运行 Android studio 进行配置，出现图 5-20 所示界面，选择第二项，单击"OK"按钮。

图 5-19　安装 Android studio 3.0

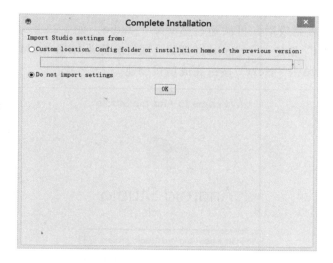

图 5-20　Android studio 配置步骤 1

如果之前没有安装过 Android SDK，会弹出提示界面，如图 5-21 所示，单击"Cancel"按钮进入 Android studio 的配置向导。

图 5-21　Android studio 配置步骤 2

选择默认选项,单击"Next"按钮进入 Android SDK 下载界面,如图 5-22 所示,单击"Finish"按钮开始下载 Android SDK。

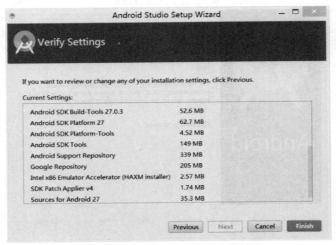

图 5-22　Android studio 配置步骤 3

(4) 创建 Android 项目

Android SDK 下载完成后,再次运行 Android studio,如 5-23 所示,选择"Start a new Android Studio project"新建一个 Android 项目,项目名称为 helloworld,其他选择默认选项,如图 5-24 所示,依次单击"Next"按钮完成项目创建。

图 5-23　Android 项目创建步骤 1

(5) 创建 AVD

在 Android 开发中,为了提高开发效率,通常不将 Android 应用下载到智能手机等移动设备上进行调试,而是通过 Android Studio 自带的 AVD(Android Virtual Device)来运行和调试 Android 应用。在 Android Studio 菜单中选择"Tools"→"Android"→"AVD Manager",

进入 AVD 管理界面，选择 Create Virtual Device 创建 AVD，如图 5-25 所示。

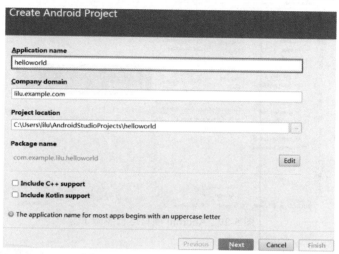

图 5-24　Android 项目创建步骤 2

如图 5-26 ～图 5-28 所示，分别对 AVD 的屏幕尺寸、API 版本和 Graphics 进行设置，其他默认，即可完成 AVD 的创建。

图 5-25　AVD 创建步骤 1

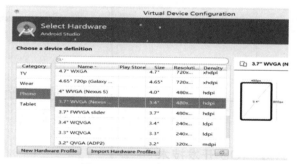

图 5-26　AVD 创建步骤 2

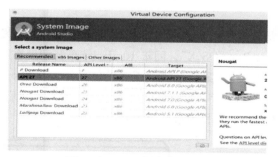

图 5-27　AVD 创建步骤 3

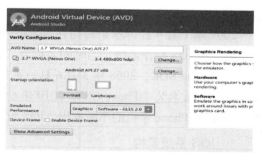

图 5-28　AVD 创建步骤 4

（6）运行 Android 项目

如图 5-29 和图 5-30 所示，单击运行按钮，在弹出的 AVD 选择界面中选择所创建的 AVD，单击"OK"按钮，即可运行 Android 项目，运行效果如图 5-31 所示。

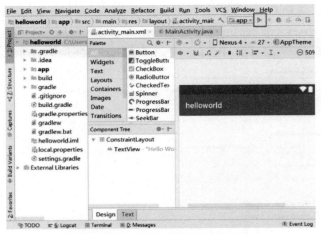

图 5-29 Android 项目运行步骤 1

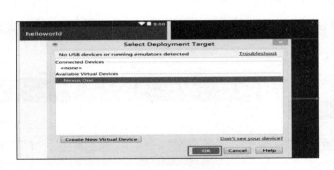
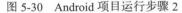

图 5-30 Android 项目运行步骤 2

图 5-31 Android 项目运行效果

5.4.3 IOS 开发技术

IOS 是苹果公司开发的移动操作系统，属于类 UNIX 的商业操作系统，是 iPhone、iPad 以及 iPod touch 设备的核心。

2007 年 1 月 9 日，苹果公司在 Macworld 大会上首次公布了 IOS 操作系统，同年 6 月发布了第一版 IOS 操作系统，当时的名称为"iPhone Runs OS X"，同年 10 月，苹果公司发布了第一个 iPhone SDK。2008 年 3 月 6 日，苹果公司发布了第一个测试版开发包，并将"iPhone runs OS X"改名为"iPhone OS"。2010 年 6 月，苹果公司将"iPhone OS"改名为"IOS"。随后，伴随着新款 iPhone 手机的不断推出，IOS 版本不断更新，目前最新版为 IOS11。

1. IOS 系统架构

IOS 的系统架构分为四层，从底向上依次为：核心操作系统层（Core OS layer）、核心服务层（Core Services layer）、媒体层（Media layer）和可触摸层（Cocoa Touch layer），如图 5-32 所示。

核心操作系统层位于 IOS 的最底层，是一个 UNIX 核心，可以直接和硬件设备进行交互，提供了 IOS 的基础功

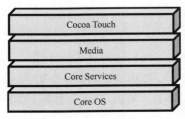

图 5-32 IOS 系统架构

能，包括硬件驱动、内存管理、程序管理、线程管理、文件系统、网络以及标准输入 /
输出等。

核心服务层在核心操作系统层的基础上提供了更为丰富的功能，通过它可以访问 IOS 的
相关服务，包括 Address Book、Networking、File Access、SQLite 等组件。

媒体层提供了图片、音频、视频等多媒体功能，通过它可以在应用中使用各种媒体文件、
录制音频和视频、绘制图形和制作基础动画。

可触摸层提供了 Objective-C 的 API，为应用开发提供了各种有用的框架，处理用户与
IOS 设备的交互操作，应用界面上的各种组件、屏幕上的多点触摸事件、文字的输入输出、
图片的显示、文件的存取等都由它负责。

2．IOS 的优势

作为目前全球智能手机最主要的两大阵营之一，IOS 具有如下优势：

（1）稳定、流畅

IOS 是一个封闭的系统，不开源，有严格的管理体系，系统稳定。无论是桌面滑动还是
应用的内部操作，手指触控到哪里，屏幕就会马上指向哪里，流畅度很高。

（2）安全性

IOS 使用严密的安全技术，许多安全功能都是默认的，无须对其进行额外设置，且设备
加密等关键性安全功能不允许修改，避免了因用户意外关闭而产生的安全隐患。

（3）软硬件整合度高

IOS 的软件与硬件整合度相当高，分化大大降低，增加了整个系统的稳定性，很少出现
死机、无响应的情况。

（4）界面美观、易操作

IOS 在界面设计上投入了大量精力，简洁、美观、操作简单，无论是外观性还是易用性，
都为用户提供了较好的用户体验。

（5）优秀的垃圾处理机制

IOS 具有优秀的垃圾处理机制，不会由于系统垃圾堆积而导致系统越来越慢，也不需要
额外安装垃圾处理软件。

3．Mac OS X 下的 IOS 应用开发

IOS 开发技术主要用于为 iPhone、iPad、iPod touch 等各种使用 IOS 操作系统的设备开
发应用程序，应用市场巨大。IOS 开发需在 Mac OS 操作系统中进行，可在 Windows 操作系
统下通过虚拟机的方式安装，IOS 开发的应用在进行调试时既可以在集成开发环境所提供的
模拟器中进行，也可直接在装有 IOS 操作系统的手机中进行。

IOS 开发需要掌握 Objective-C 语言，可按以下步骤进行学习：

① IOS 的基本介绍，重点了解历史、现状、应用场景、开发语言、常用开发环境、所需
前置知识等内容。

② C 语言基础，包括基本语法、指针、数组、结构体等。

③ Objective-C 语言基础，包括基本语法、分类、协议、函数块、属性、Foundation 框架等。

④ UI 知识，包括基本 View、高级 View、自定义 View、控制器、事件等。

⑤ 数据存储，包括 Plist、Preference、NSKeyedArchiver、SQLite、CoreData 等。

⑥ 多线程，包括自定义线程 NSThread、任务类 NSOperation、任务队列类 NSOperation-Queue、GCD 等。

⑦ 网络，包括 NSURL、NSURLRequest、NSURLConnection、UIWebView 等。

Xcode 是运行在 Mac OS X 操作系统上的集成开发工具，由苹果公司开发，是开发 IOS 应用的主流平台，具有统一的用户界面，编码、测试、调试都可在一个简单的窗口内完成。下面以 Xcode 8 为例介绍如何在 Mac OS X 操作系统下开发 IOS 应用。

（1）创建 IOS 应用

运行 Xcode 8，选择 Create a new Xcode project 新建一个 Xcode 项目，如图 5-33 所示。然后选择 Single View Application 新建一个单窗体程序，单击"Next"按钮进入下一个界面，在"Product Name"处输入"hello"，其他默认，单击"Next"按钮进入下一个界面，最后单击"Greate"按钮创建项目。

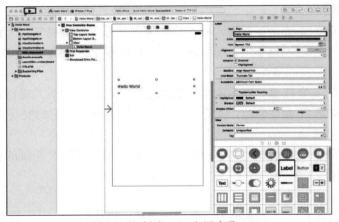

图 5-33　创建 IOS 应用步骤 1

如图 5-34 所示，单击 Main.storyboard，将右侧工具栏中的 Label 标签拖到界面中央，并修改文字为 Hello World。

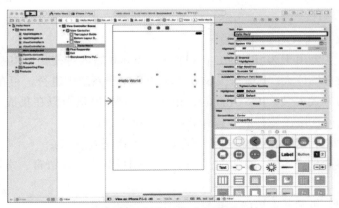

图 5-34　创建 IOS 应用步骤 2

（2）运行 IOS 应用

单击左上的运行按钮，运行 IOS 应用，运行效果如图 5-35 所示。

图 5-35 IOS 应用运行效果

5.4.4 HTML5 开发技术

HTML5 是对超文本标记语言（HTML）的第五次重大修改，由万维网联盟（W3C）于 2014 年 10 月完成标准制定并正式发布，是万维网的核心语言。从广义上说，HTML5 指包括 HTML、CSS 和 JavaScript 在内的一套技术组合，其目的是为了减少浏览器对 Adobe Flash、Microsoft Silverlight 等丰富性网络应用所需插件的需求，并提供更多能有效增强网络应用的标准集。

HTML5 有两大特点：强化了 Web 网页的表现性能；追加了本地数据库等 Web 应用。HTML5 解决了 HTML4 等之前规范存在的很多问题，增加了大量新的特性，例如嵌入音频、视频和图片的函数、客户端存储数据、交互式文档等，进一步增强了互动性，有效降低了开发成本。

1. HTML5 的页面布局

HTML5 的页面布局如图 5-36 所示，主要元素含义如下：

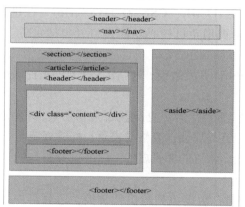

图 5-36 HTML5 页面布局

① header 元素：表示页面或页面中一块内容区块的头部区域。

② nav 元素：表示页面中的导航链接部分。

③ article 元素：表示页面中的一块与上下文不相关的独立内容。

④ section 元素：表示页面中的一块内容区块，比如章节的页眉、页脚等。

⑤ aside 元素：表示 article 元素内容之外的，和内容相关的辅助信息。

⑥ footer 元素：表示页面或页面中一块内容区块的底部区域。

2．HTML5 的优势

作为 HTML 的第五次重大改革，HTML5 具有如下优势：

（1）HTML5 具有及时更新的特性

基于 IOS、Android 等开发的应用在上线或更新时，要通过 APP Store 等平台的审核才能发布应用，而 HTML5 不存在这个问题，可以随时更新，随时上线，节省大量时间。

（2）HTML5 具有很好的跨平台性

使用 HTML5 开发的应用，支持多种平台，不需要针对具体平台专门开发，能有效节省资源、提高效率。

（3）本地存储特性

受益于 HTML5 的本地储存特性，使用 HTML5 开发的应用启动时间更短，加载速度更快，用户体验更好。

（4）视觉体验较好

在音频、视频方面，HTML5 的表现效果比 Flash 更好；在网页方面，借助于 CSS3 特效样式等技术，HTML5 不仅增强了网页的视觉效果，还可以在网页中呈现三维立体特效。

（5）代码简洁清晰

通过使用新的 section、article、header、footer、aside、nav 等标签，HTML5 的代码符合语义学，描述性较强，更加直观、优雅。

3．HTML5 应用开发

HTML5 近两年十分火热，用 HTML5 技术开发的产品已经深入我们的生活，如：微信小程序、移动端网站等。HTML5 主要用于 PC 端和移动端的 Web 前端开发，当前的主流操作系统都对其提供了支持。在移动开发领域，HTML5 主要用于手机网页的开发和 APP 前端开发，使用的技术均为 HTML、CSS 和 JavaScript，在进行 APP 前端开发时，需要基于 PhoneGap 等开发平台调用手机核心功能接口（包括定位、加速器、联系人、声音等）模拟 Native APP。

相对于 IOS 开发、Android 开发来说，HTML5 学习门槛比较低，几乎不需要任何编程基础，可按以下步骤进行学习：

① HTML5 的基本介绍，重点了解历史、现状、应用场景、开发语言、常用开发环境等内容。

② HTML，包括常见标签与属性、表格与表单、标签规范与标签语义化等。

③ CSS，包括基本语法、常见的样式属性、CSS 选择器与标签类型、盒子模型与 CSS 重置、CSS3 等。

④ JavaScript，包括变量、数据类型与类型转换、运算符与优先级、控制语句、函数定义与调用、数组、字符串等。

⑤ 移动端布局，包括移动端基本概念、移动端布局方案、Viewport 窗口设置、响应式布局、Bootstrap 框架等。

⑥ JQuery 框架，包括 JQuery 核心思想、JQuery 常见方法、JQuery 动画操作等。

HTML5 的开发工具种类较多，如 Dreamweaver CS6、Adobe Edge、JetBrainsWebStorm、DCloudHBuilder 等都对 HTML5 的开发提供了有力支持，下面以 Dreamweaver CS6 为例，介

绍如何创建和运行一个 HTML5 页面。

（1）创建 HTML5 页面

运行 Dreamweaver CS6，选择文件→新建，如图 5-37 所示，页面类型选择 HTML，布局选择无，文档类型选择 HTML5，单击"创建"按钮，生成 HTML5 页面。如图 5-38 所示，在 HTML5 页面对应位置添加 Helloworld，将 HTML5 页面保存为 hello.html。

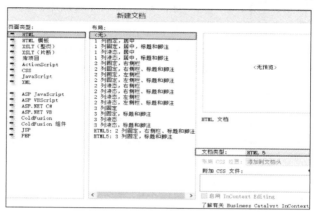

图 5-37　创建 HTML5 页面步骤 1

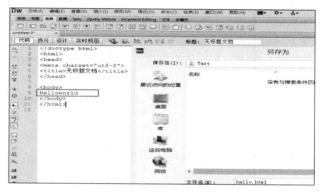

图 5-38　创建 HTML5 页面步骤 2

（2）运行 HTML5 页面

使用任何一款支持 HTML5 的浏览器打开 hello.html，运行效果如图 5-39 所示。

图 5-39　HTML5 页面运行效果

5.5　嵌入式系统认知实践

5.5.1　实践目的

本次实践的主要目的是：

① 了解 QT、Android、IOS、HTML5 这四种嵌入式开发技术。

② 了解上述嵌入式开发技术的常用开发工具。

③ 使用一款常用开发工具搭建上述嵌入式开发技术的集成开发环境。

④ 在所搭建的集成开发环境下创建并运行一个简单的项目。

5.5.2　实践的参考地点及形式

本次实践可以分别在安装有 Windows 操作系统和 Mac OS X 操作系统的实训室中实施，不具备 Mac 的实训室可以在 Windows 操作系统下使用虚拟机安装 Mac OS X 操作系统。

5.5.3　实践内容

实践内容主要是对上述四种嵌入式开发技术的初步学习，包括选择一款常用开发工具搭建开发环境、创建项目、运行项目等。

实践内容包括以下几个要求：

① 下载开发工具并安装。

② 对安装好的开发工具进行配置。

③ 在搭建好的开发环境下创建一个简单的项目，输出一段文字，例如输出"Hello World"。

④ 运行创建的项目。

⑤ 选择感兴趣的一种嵌入式开发技术，尝试开发一个内容更加丰富的项目。

5.5.4　实践总结

根据实践内容要求，完成实践总结，总结中需要体现上述要求。

5.6　习　　题

一、选择题

1. 嵌入性、（　　　）、计算机系统是嵌入式系统的三大核心要素。

　　A. 精密性　　　　　　B. 专用性　　　　　　C. 开源性　　　　　　D. 兼容性

2. 嵌入式的概念最早出现在 20 世纪（　　　）年代。

　　A. 60　　　　　　　　B. 70　　　　　　　　C. 80　　　　　　　　D. 90

3. 嵌入式系统的发展大致经历了无操作系统阶段、简单操作系统阶段、实时操作系统阶段、（　　　）四个阶段。

　　A. 面向 Internet 阶段　　　　　　　　　　　B. 移动操作系统阶段

　　C. 物联网阶段　　　　　　　　　　　　　　D. 人工智能阶段

4. Windows CE.NET 是 Windows CE（　　　）的后继产品。

    A. 1.0   B. 2.0   C. 3.0   D. 4.0

5. 基于 Windows CE.NET 的嵌入式系统通常为（　　　）结构。

    A. 层次   B. 网状   C. 星形   D. 总线

6. VxWorks 支持四种文件系统：（　　　）、rt11FS、rawFS 和 tapeFS。

    A. FAT32   B. dosFS   C. FAT   D. NTFS

7. QT 本身不是一种编程语言，而是一个跨平台的（　　　）应用程序开发框架。

    A. C++   B. Java   C. C#   D. VB

8. Android 四层架构中，应用框架层使用（　　　）语法。

    A. C   B. C++   C. Java   D. Android

9. Android 四层架构中，系统库使用（　　　）语法。

    A. VB   B. C /C++   C. Java   D. Android

10. 应用程序员编写的 Android 应用程序，主要调用（　　　）提供的接口进行实现。

    A. 应用程序层   B. 应用框架层   C. 应用视图层   D. 系统库层

二、填空题

1. 嵌入式系统由_____、_____、系统软件层和应用软件层组成。

2. 基于 Windows CE.NET 的嵌入式系统从下向上依次是硬件层、_____、_____和应用层。

3. QT5 将所有功能模块分为三个部分：_____、_____、QT 开发工具。

4. QT 开发工具为 QT 应用开发提供便利，包括_____、_____、QT 用户界面工具。

5. IOS 的系统架构分为四层，从底向上依次为：核心操作系统层、_____、媒体层和_____。

三、判断题

1. 嵌入式系统的特征是体积大、功耗高、专用性强，对可靠性、实时性要求高。（　　　）

2. 嵌入式 Linux 的内核以嵌入式应用的需求为目标对通用 Linux 内核进行修改，应用于嵌入式系统。　　　　　　　　　　　　　　　　　　　　　　　　（　　　）

3. RT-Linux 是一款典型的嵌入式 Linux。　　　　　　　　　　　　　（　　　）

4. 2010 年 6 月，微软发布 Windows CE 7.0，并更名为 Windows Embedded Compact 7。　　　　　　　　　　　　　　　　　　　　　　　　　　　　　（　　　）

5. UC/OSII 是一个可以基于 ROM 运行、可移植、可固化、可裁剪的单任务实时操作系统，适用于多种微处理器、微控制器。　　　　　　　　　　　　　　（　　　）

第 6 章

物联网数据处理技术

引言

典型工作任务工作过程描述：本章知识支撑的物联网应用技术专业的典型工作任务分别是物联网上位机应用程序开发、物联网移动应用程序开发和物联网应用系统安全维护。这些典型工作任务的工作过程描述如图 6-1 所示。

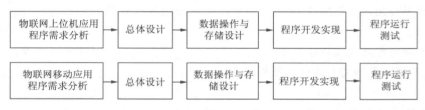

图 6-1 典型工作任务工作流程图

内容结构图

在执行物联网上位机应用程序和移动应用程序开发工作任务的过程中，需要进行数据操作与存储设计，选择合适的数据存储方案和数据分析处理技术，包括网络存储技术、云计算技术、数据库和数据仓库技术等。在执行物联网应用系统安全维护工作任务的过程中，需要进行安全维护处理，这也会涉及物联网数据分析处理方面的相关技术。

在完成这些典型任务的工作过程中所需的理论知识结构如图6-2所示。

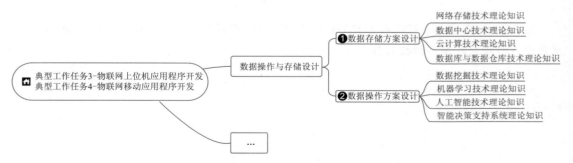

图 6-2 支持典型工作任务所需的理论知识结构

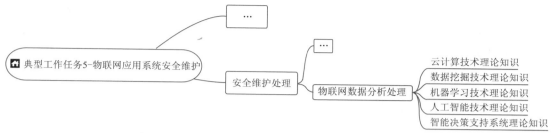

图 6-2　支持典型工作任务所需的理论知识结构（续）

学习目标

通过对本章内容的学习，学生应该能够做到：

- 能选择合适的网络存储方案，并能说出各种网络存储技术的优缺点。
- 能说出数据中心的逻辑结构。
- 能区分云计算的主要类型，并能描述云计算的关键特征和价值。
- 能解释云计算和物联网的关系。
- 能解释常见的数据分析处理技术，并能描述它们的基本原理和之间的关系。

6.1 数据存储技术

6.1.1 网络存储技术

伴随着互联网的广泛普及以及移动互联和物联网等新技术的发展，电子商务、网络金融等相关产业也飞速地发展起来，无处不在的移动设备、RFID、无线传感器等每时每刻都在产生数据，数以亿计用户的互联网服务每分每秒都在产生巨量的交互，要处理的数据量以几何级数的形式增长，各类海量数据快速占据了系统的存储空间。相关数据表明，现阶段 90% 的计算机主要用来进行数据处理，而业务需求和竞争压力又对数据的实时性、安全性、有效性提出了更高的要求。数据存储已不再像以前那样主要为 CPU 服务，而是形成了自存储、高效管理的存储体系。单一的存储系统根本无法解决这些问题，数据存储逐渐由单机方式向多机分布式发展，数据的传递与共享也逐渐从依赖主机系统向网络存储系统发展，网络存储技术开始成为数据存储技术的主流。

传统的网络存储技术主要有直接连接存储（Direct Attached Storage，DAS）、网络连接存储（Network Attached Storage，NAS）、存储区域网络（Storage Area Network，SAN）和对象存储技术（Object-Based Storage，OBS）四种。

1. 直接连接存储（DAS）

DAS 指的是把多个存储设备通过光纤通道或 SCSI（Small Computer System Interface，小型计算机系统接口）接口直接连接在服务器上的一种技术。DAS 完全以服务器为中心，存储设备作为服务器的组成部分。服务器的结构如同 PC 架构，外部数据存储设备直接挂接在服务器内部总线上，数据存储设备是整个服务器结构的一部分，同样，服务器也担负着整个网络的数据存储职责，这种方式和我们平时的家用 PC 类似，只不过这种服务器可以挂接容量更大的存储介质，存储更多的数据。DAS 如图 6-3 所示。DAS 能够解决单台服务器的存储空间扩展和高性能传输需求，具有较好的可靠性，成本较低、安装简单。然而数据中心的数据增长速度远远超过了存储介质的处理能力，单个服务器 DAS 的存储能力远远无法满足存储需求，这样 DAS 渐渐只能被应用到小型网络、中小型数据中心。

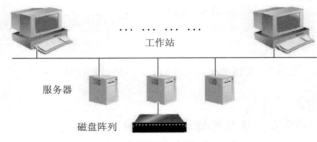

图 6-3　直接连接存储（DAS）

2. 网络连接存储（NAS）

NAS 指的是把多个存储设备通过标准网络协议和网络拓扑结构连接到一群服务器上，进而提供数据和文件服务的一种数据存储附加技术。它在计算机网络系统中有着重要地位，能够将计算机网络系统和计算机磁盘阵列直接连接起来，实现了数据处理与数据存储相分离。在 NAS 存储结构中，存储系统不再通过 I/O 总线附属于某个特定的服务器或客户机，而是通过网络接口与网络直接相连，用户可以通过网络与存储设备之间进行直接的数据访问。NAS 如图 6-4 所示。事实上，NAS 是一个带有服务器的存储设备，其作用就是专门为文件存取提供服务。NAS 具有更快的响应速度和更高的数据带宽，拥有很好的扩展性、较低的服务器成本，文件数据能够通过网络传输到多台客户机上，部署简单。不过 NAS 本身有很大的网络协议的开销，因此一些对访问速度要求很高的场合是不适合使用的。另外，NAS 技术在使用时会对 LAN 相关带宽有所占用，从而会有一部分的网络资源被浪费掉，可能会对用户正常使用网络产生一定的影响。

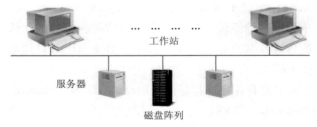

图 6-4　网络连接存储（NAS）

3. 存储区域网络（SAN）

SAN 指的是采用光纤通道技术，在网络服务群后端，使用交换机连接服务器主机和存储阵列，形成专门用于区域网络的存储。SAN 通过使用光纤交换设备作为网络的连接中心，允许独立地增加其存储容量，并使网络性能不至于受到数据访问的影响。SAN 如图 6-5 所示。SAN 一改过去以服务器为中心的存储模式，以数据存储为中心，采用伸缩的网络拓扑结构，通过具有高传输速度的光通道直接连接方式，提供 SAN 内部任意节点之间的多路可选择的数据交换，并且将数据存储管理集中在相对独立的局域网内。这种独立的专有网络存储方式使得 SAN 具有可扩展性高、存储硬件功能的发挥不受 LAN 的影响、易管理、容错能力强等优点。但是，SAN 在连接距离上受到了一定的限制、互操作性差且连接设备价格昂贵，特别是在数据的完整性和安全性方面有着先天的不足，因此它的应用范围受到了一定的影响。

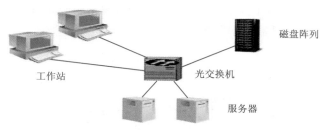

图 6-5　存储区域网络（SAN）

4. 对象存储技术（OBS）

OBS 是一种基于计算机应用对象的网络数据存储技术。它的存储基本单元是对象。对象存储的结构分成：对象、对象存储设备、元数据服务器、对象存储系统客户端。OBS 如图 6-6 所示。OBS 包含着存储属性可拓展的数据存储容器和存储长度可变的存储模块，是一种重要的组织逻辑方式，能够提供多种类似于文件的访问方式，如文件的关闭、读写、打开等，OBS 数据存储技术融合了 SAN 和 NAS 技术的优点，利用计算机网络系统统一的对象接口，有效地提高了网络数据存储技术的拓展性，提高了计算机网络系统的运行性能。OBS 支持高并行、可伸缩的数据访问，便于管理，安全性高，适合于高性能集群使用。目前，这种技术还在不断地发展之中，受到相应的软、硬件条件的影响，这种存储方式还没有得到广泛应用。

图 6-6　对象存储技术（OBS）

6.1.2　数据中心

数据中心(Data Center)通常是指在一个物理空间内实现数据信息的集中处理、存储、传输、交换和管理，通俗地说，就是集中存放计算机服务器的地方。维基百科给出的定义是："数据中心是一整套复杂的设施，它不仅仅包括计算机系统和其他与之配套的设备（例如通信和存储系统），还包含冗余的数据通信连接、环境控制设备、监控设备以及各种安全装置。"因此，计算机服务器设备、网络设备、存储设备等通常认为是数据中心的关键设备，而关键设备运行所需要的环境因素，如供电系统、制冷系统、机柜系统、消防系统、监控系统等通常被认为是关键物理基础设施。

具体来说，一个完整的数据中心在其建筑之中，由支撑系统、计算设备和业务信息系统这三个逻辑部分组成。支撑系统主要包括建筑、电力设备、环境调节设备、照明设备和监控设备等，这些系统是保证上层计算机设备正常、安全运转的必要条件。计算设备主要包括服务器、存储设备、网络设备、通信设备等，这些设施支撑着上层的业务信息系统。业务信息系统是为企业或公众提供特定信息服务的软件系统，信息服务的质量依赖于底层支撑系统和计算机设备的服务能力。只有整体统筹兼顾，才能保证数据中心的良好运行，为用户提供高质量、可信赖的服务。图 6-7 展示了数据中心的逻辑结构。

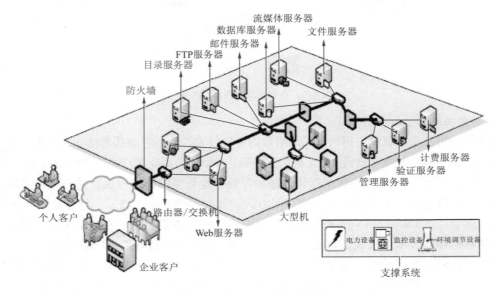

图 6-7　数据中心的逻辑结构

　　早期的数据中心主要是存放大型主机的场所，当时的大型主机主要用于科学研究或国防军事领域。为了充分利用大型主机的资源，多个用户通过终端和网络连接到主机上来共享计算资源。20 世纪 80 年代后，计算机向微型机的方向不断演进，只要购买一台廉价的个人计算机，即可完成很多计算任务。在这一阶段，数据中心的发展由集中走向分布，小型数据中心得到了快速的发展。进入 20 世纪 90 年代，互联网将全球的计算机整合在一起，使得数据中心的发展又从分布逐渐走向了集中。互联网的蓬勃发展掀起了建设数据中心的高潮，不但政府机构和金融电信等大型企业扩建自己的数据中心，中小企业也纷纷构建数据中心，提供协同办公、客户关系管理等信息服务系统以支持业务的发展。近些年，随着网上银行、网上证券和娱乐资讯等网络服务的逐渐普及，网络用户数量也不断攀升，由此促进了各种规模数据中心的涌现，数据中心的发展进入了鼎盛时期，数据中心的建设规模和服务器数量每年都在以惊人的速度增长。

　　飞速发展的信息服务和对 IT 系统的要求也给数据中心带来了新的挑战。以往的企业数据中心往往只简单地追求计算力与性能，而当前的经济环境让企业更加注重数据中心的成本，绿色、节能、低碳的概念逐渐深入人心。新一代的数据中心通过自动化的管理方式、虚拟化的资源整合方式，结合新的能源管理技术，来解决数据中心日益突出的管理复杂、能耗严重、成本增加及信息安全等方面的挑战，实现高效、节能、环保、易于管理的数据中心。

　　依据业务应用系统在规模类型、服务的对象、服务质量的要求等各方面的不同，数据中心的规模、配置也有很大的不同。数据中心按照服务的对象来划分，可以分为企业数据中心和互联网数据中心。企业数据中心是指由企业或机构建设并所有，服务于企业或机构自身业务的数据中心，它为企业、客户及合作伙伴提供数据处理、数据访问等信息服务。企业数据中心的服务器可以自己购买，也可以从电信级机房中租用，运营维护的方式也很自由，既可以由企业内部的 IT 部门负责运营维护，也可外包给专业的 IT 公司运营维护。互联网数据中心由服务提供商所有，通过互联网向客户提供有偿信息服务。相对于企业数据中心来讲，互联网数据中心的服务对象更广、规模更大、设备与管理更为专业。

知识扩展

扫一扫

数据中心和我们的生活息息相关。企业依赖于数据中心存储任务关键信息以及在各个部门之间执行业务计划。今天的数据中心拥有最先进的设施、一流的技术，占地面积达数千平方米，并且能容纳数十亿客户资料和商业信息。随着"云服务"的需求增加，这些数据中心包括数万台甚至是几十万台服务器，多 PB 级存储系统，而且越来越多地设在了有充足的廉价能源的地方。2017 年，全球范围内的超大规模数据中心已经超过 390 个，比一年前的 300 个增加了一大批。其中，谷歌尤其活跃。中国的腾讯和百度也建立了超大规模的数据中心。但国内外数据中心的差距依然巨大，资料显示，中国 BAT（百度、阿里巴巴、腾讯）三家互联网巨头所拥有的数据中心服务器数量之和，还不及美国亚马逊一家公司的一半，亚马逊 AWS 是全球最大的云计算厂商，亚马逊的数据中心有接近 300 万台的服务器，微软也有 200 万台。

扫描二维码获取更多有关数据中心的知识。

6.2 云计算技术

6.2.1 云计算的起源

云计算这个概念其实并不是像它的名字一样凭空出现的，而是计算机硬件技术和网络技术发展到一定阶段的必然产物。早在 20 世纪 60 年代麦卡锡就提出了把计算能力作为一种像水和电一样的公共事业提供给用户的理念，这成为云计算思想的起源。

在传统计算模式下，企业建立一套 IT 系统不仅仅需要购买硬件等基础设施，还需要购买软件，需要专门的人员来管理维护。当企业的规模扩大时还要继续升级各种软硬件设施以满足需要。对于企业来说，计算机软硬件等本身并不是真正需要的，它们仅仅是完成工作、提高效率的工具而已。对于个人来说，如果想正常使用计算机就需要安装多种软件，而许多软件是收费的，对不经常使用该软件的用户来说购买是非常不划算的。可不可以有这样的服务，能够提供我们需要的所有软件供我们租用？这样我们只需要在使用时支付少量"租金"即可"租用"到这些软件服务，为我们节省许多购买软硬件的资金。

我们每天都要用电，但不是每家都自备发电机，而是由电厂集中提供。这样的模式极大地节约了资源，方便了我们的生活。鉴于此，我们能不能像使用电一样使用计算机资源？这些想法最终导致了云计算的产生。云计算的模式就是电厂集中供电的模式，它的最终目标是将计算、服务和应用作为一种公共设施提供给公众，使人们能够像使用水、电一样使用计算机资源。

其实在云计算概念诞生之前，很多公司就已经可以通过互联网发送诸多服务，比如订票、地图、搜索，以及其他硬件租赁业务。随着服务内容和用户规模的不断增加，对于服务的可靠性、可用性的要求也急剧增加，这种需求变化通过集群等方式很难满足，于是通过在各地建设数据中心来达成。对于像谷歌和亚马逊这样有实力的大公司来说，有能力建设分散于全球各地的数据中心来满足各自业务发展的需求，并且有富余的可用资源。于是谷歌、亚马逊等公司就可以将自己的基础设施能力作为服务提供给相关的用户，这就是云计算的由来。

6.2.2 云计算的定义与分类

云计算的概念自提出之日起就一直处于不断的发展变化之中，很多机构都对云计算进行了解读。

维基百科中对于云计算的定义是：云计算是一种基于互联网的计算方式。通过这种方式，共享的软硬件资源和信息可以按需求提供给计算机和其他设备。云计算依赖资源的共享以达成规模经济，类似基础设施（如电力网）。

美国国家标准与技术研究院对云计算的定义是：云计算是一种按使用量付费的模式，这种模式提供可用的、便捷的、按需的网络访问，进入可配置的计算机资源共享池（资源包括网络、服务器、存储、应用软件、服务），这些资源能够被快速提供，只需要投入很少的管理工作，或与服务供应商进行很少的交互。该定义是目前较为公认的云计算定义。

2012 年，我国的国务院政府工作报告将云计算作为国家战略性新兴产业，认为云计算是基于互联网的服务的增加、使用和交付模式，通常涉及通过互联网来提供动态、易扩展且经常是虚拟化的资源。云计算是传统计算机和网络技术发展融合的产物，它意味着计算能力也可以作为一种商品通过互联网进行流通。

可以这样认为，云计算是一种新兴的商业计算模型，它将计算任务分布在大量计算和构成的资源池上，使各种应用系统能够根据需要获取计算能力、存储空间和各种软件服务。之所以称为"云"，是因为它在某些方面具有现实中云的特征：云一般都较大；云的规模可以动态伸缩，它的边界是模糊的；云在空中飘忽不定，无法也无须确定它的具体位置，但它确实存在于某处。之所以称为"云"，还有一个很重要的原因是因为绘制计算机网络架构图时往往用一朵云来表示电信网，后来也用来表示互联网和底层基础设施的抽象。

云计算按照它的部署模式来分类可以分为：私有云计算、公有云计算和混合云计算。

① 私有云计算：一般由一个企业或组织自建自用，同时由这个企业或组织来运营，主要服务于企业或组织内部，不向公众开放。使用者和运营者是一体，这就是私有云。

② 公有云计算：由云服务提供商去运营，面向的用户可以是普通的大众，这就是公有云。

③ 混合云计算：将公有云和私有云结合在一起的一种模式。它强调基础设施是由两种云来组成，但对外呈现的是一个完整的实体。企业正常运营时，把关键服务和数据放在自己的私有云里面处理（比如：财务数据），把非关键信息放到公有云里，两种云组合成一个整体，这就是混合云。

云计算按照服务类型来分类可以分为：基础设施即服务（IaaS）、平台即服务（PaaS）和软件即服务（SaaS）三种类型。

① IaaS（Infrastructure as a service）：基础设施即服务，指的是把基础设施（包括计算、存储、网络等资源）直接以服务形式提供给最终用户使用。用户能够部署和运行任意软件，包括操作系统和应用程序。例如：虚拟机出租、网盘等。这类云服务的对象往往是具有专业知识能力的网络建筑师。

② PaaS（Platform as a service）：平台即服务，指的是把计算、存储等资源封装后以某种接口或协议的服务形式提供给最终用户调用，用户不需要管理或控制底层的云计算基础设施，但能控制部署的应用程序，也能控制运行应用程序的托管环境配置。PaaS 主要面向软件开发者，提供基于互联网的软件开发测试平台。例如：谷歌的 App Engine。

③ SaaS（Software as a service）：软件即服务，提供给消费者的服务是运行在云计算基础设施上的应用程序。用户只是对软件功能进行使用，无须了解任何云计算系统的内部结构，也不需要用户具有专业的技术开发能力。例如：企业办公系统。

云计算的分类如图 6-8 所示。

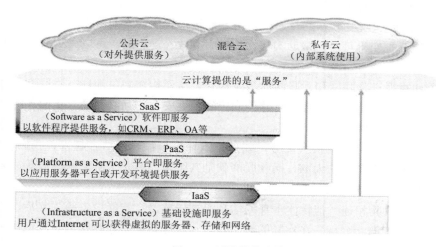

图 6-8　云计算的分类

6.2.3　云计算的特征

根据云计算的定义，可以总结出云计算的五大关键特征：

① 按需自助服务：云计算系统带给客户最重要的好处就是敏捷地适应用户不断变化的需求，实现按需向用户提供资源。用户可以按需部署处理能力，如服务器、存储和网络等，而不需要与每个服务供应商进行人工交互。

② 无处不在的网络接入：云计算系统的应用服务通常都是通过网络提供给最终用户的。用户通过互联网就可以获取各种能力，并可以通过标准方式访问，通过各种终端接入使用（如：智能手机、笔记本式计算机、PDA 等）。

③ 与位置无关的资源池：云计算服务提供商的计算资源被集中，以便以多用户租用模式服务所有客户。同时，不同的物理和虚拟资源可根据用户需求动态分配。用户一般无法控制或知道资源（包括存储、处理器、内存、网络带宽和虚拟机等）的确切位置。

④ 快速弹性：可以迅速、弹性地提供能力，能快速扩展，也可以快速释放实现快速缩小。

对用户来说，可以租用的资源看起来似乎是无限的，并且可以在任何时间购买任意数量的资源。

⑤ 按使用付费：使用云计算服务的用户不用自己购买并维护大量固定的硬件资源，只需要根据自己实际消费的资源量来付费，从而大大节省用户的硬件资源开支。

6.2.4 云计算与物联网

云计算是利用互联网的分布性等特点来进行计算和存储，是一种网络应用模式；而物联网是通过射频识别等信息传感设备把所有物品与互联网连接起来实现智能化识别和管理，是对互联网的极大拓展。两者存在着较大的区别。但是，对于物联网来说，传感设备时时刻刻都在产生着大量的数据，这些海量数据必须要进行大量而快速的运算和处理。云计算带来的高效率的运算模式正好可以为其提供良好的应用基础。没有云计算的发展，物联网也就不能顺利实现，而物联网的发展又推动了云计算技术的进步，两者又缺一不可。

云计算是物联网发展的基石，并且从两个方面促进物联网的实现。

首先，云计算是实现物联网的核心，运用云计算模式使物联网中大量的各类物品的实时动态管理和智能分析变得可能，帮助实现物联网中高效、动态的、可以大规模扩展的技术资源处理能力。

其次，云计算促进物联网和互联网的智能融合，从而构建智慧地球。物联网和互联网的融合，需要更高层次的整合，需要"更透彻的感知，更安全的互联互通，更深入的智能化"，而这正是云计算模式所擅长的。

云计算与物联网各自具备很多优势，如果把云计算与物联网结合起来，我们可以看出，云计算其实就相当于一个人的大脑，而物联网就是其眼睛、鼻子、耳朵和四肢等。云计算与物联网的结合是互联网络发展的必然趋势。

物联网实质是物物相连，把物体本身的信息通过传感器、智能设备等采集后，收集至一个云计算平台进行存储和分析。在实际的应用领域，云计算经常和物联网一起组成一个互通互联、提供海量数据和完整服务的大平台。

6.2.5 云计算的价值

通过云计算可以将 IT 资源进行集中化和标准化，这样就为政府、企事业单位的 IT 运行环境带来了无法估量的价值，具体表现在：

① 通过整合服务器、动态调整资源及虚拟化存储技术，提高资源的利用率。可以使政府、企事业单位的 IT 部门用小规模的硬件部署来完成同级别或更高级别的服务，从而大大提升企业的生产力和政府及事业单位的业务价值，同时提升服务器效力。

② 基于云的业务系统采用虚拟机批量部署，可以在短时间内实现大规模资源部署，快速响应业务需求，省时高效。根据业务需求还可以弹性扩展、收缩资源以满足业务需要。

③ 传统 IT 平台，数据分散在各个业务服务器上，可能存在某单点有安全漏洞的情况；部署云系统后，所有数据集中在系统内存放和维护，信息安全更有保障。

④ 基于策略的智能化、自动化资源调度，实现资源的按需取用和负载均衡，削峰填谷，达到节能减排的效果。

⑤ 用云计算来构建 IT 运行环境后，政府、企事业单位的 IT 运行环境会更加集中简洁，

再加上存储、网络及服务器的自动化操作，将大幅度减少 IT 运行时的人为差错。

⑥ 通过购买更少的硬件设备及软件许可，大大降低采购成本，通过自动化管理迅速降低系统管理员的工作负荷，这就意味着降低了政府、企事业单位在 IT 环境构建时的投入及运维成本。

⑦ 通过云桌面的应用，可以使用户在不同的桌位、办公室、旅途中、家里使用不同的终端随时随地实现远程接入，桌面立即呈现。所有的数据和桌面都集中运行和保存在云数据中心，用户可以不必中断应用运行，实现热插拔更换终端。

总之，云计算通过技术手段把计算和存储作为服务加以提供，提供了高附加值的服务；云计算打破了现有机房的空间局限，在更小的空间内提供了更多的服务能力；云计算通过规模效应降低了单位资源的投资及维护成本；同时，云计算带给用户更好的交互体验，降低了用户使用成本，提升了用户满意度及忠诚度。

📖 知识扩展

扫一扫

从 Google 首席执行官埃里克·施密特（Eric Schmidt）首次提出"云计算"（Cloud Computing）的概念到现在，云计算已经走过了炒作期和实践期，正处于成熟期。同时，行业集中度也越来越高并呈逐渐加强的趋势，目前业内大公司已经占据了整个市场的半壁江山。全球云计算平台市场中亚马逊 AWS 名列榜首，它于 2006 年推出，是全球最早推出的云计算服务平台，面向全世界的客户提供云解决方案。国内云计算领域的龙头则是阿里云，它创立于 2009 年，由阿里云自主研发、服务全球的超大规模通用计算操作系统飞天，目前为全球 200 多个国家和地区的创新创业企业、政府、机构等提供服务。

扫描二维码获取更多有关云计算技术的知识。

6.3　大数据分析技术

6.3.1　数据库与数据仓库技术

计算机的数据处理经历了人工管理、文件系统、数据库系统等几个阶段。人工管理阶段，程序不但要对数据进行逻辑结构设计，而且还要进行物理结构设计。文件系统阶段，用户使用数据文件来存放数据。一种常见的数据文件通常包含若干条"记录"，一条"记录"又包含若干个"数据项"，用户通过对文件的访问实现对记录的存取。在这种管理方式下，程序只需要对数据进行逻辑结构设计。但存在着数据有较高的冗余度，数据和应用程序过分依赖，缺乏统一的控制和管理等缺点。随着计算机所处理的数据的日益增多，数据重复的问题越来越突出。为了克服这些缺点，人们就将数据集中存储、统一管理，这样就产生了数据库管理系统，各种各样的数据库系统不断地得到发展和完善。

数据库是长期存储在计算机内的某个企业、组织或部门所涉及的大量数据的一个集合，它不仅要反映数据本身的内容，还要反映数据之间的联系。数据库可供各种用户共享且具有最小的冗余度和较高的数据与程序的独立性，还具有数据结构化、易扩充、统一的数据管理和控制等特性。数据库的使用，既便于对数据进行集中管理，切实满足用户对数据分类、组织、编码、储存、检索和维护的需要，又有利于应用程序的开发和维护，提高数据的利用率和相容性。因此，很多大型复杂的信息系统都是以数据库作为核心。

数据模型是数据库技术的核心和基础，它是现实世界在数据库中的抽象。按照数据模型的发展演变过程，数据库技术从产生到现在主要经历了三个发展阶段：第一代是 20 世纪 70 年代研制的网状和层次数据库系统，层次数据库系统的典型代表是 1969 年 IBM 公司研制出的数据库管理系统 IMS，美国数据库系统语言协会 CODASYL 下属的数据库任务组 DBTG 提出的报告则是网状数据库的典型代表；第二代是关系数据库系统，20 世纪 80 年代几乎所有新开发的系统均是关系型的，其中涌现出了许多性能优良的商品化关系数据库管理系统，如 DB2、Oracle、Informix、Sybase 等；第三代是以面向对象数据模型为主要特征的数据库系统。数据库技术与网络通信技术、人工智能技术、面向对象程序设计技术、并行计算技术等相互渗透、有机结合，成为当代数据库技术发展的重要特征。

随着互联网的兴起与飞速发展，我们进入了一个到处充斥着大量信息和数据的新时代。如何用科学的方法去整理这些信息和数据，从而从不同视角出发对企业经营各方面的信息、数据加以精确分析、准确判断，并进行科学决策，比以往任何时候都显得更为迫切。而数据库系统适合于做联机事务处理，一般针对的是非常具体的业务，是对数据库联机的日常操作，通常是对一个或一组记录的查询和修改，主要是为特定的应用服务的，不能很好地支持分析决策。例如：企业或组织的决策者作出决策时，需要综合分析公司中各部门的数据，并且不仅需要访问当前数据，还需要访问历史数据。这些数据可能在不同的位置，甚至由不同的系统来管理。单纯地依靠基于联机事务处理的数据库技术来支持决策是行不通的。因此，人们尝试对数据库中的数据进行再加工，形成一个综合的、面向分析的环境，以便更好地支持决策分析，从而形成了数据仓库技术（Data Warehousing，DW）。数据仓库中包含了来自于多个数据源的历史数据和当前数据，是对数据库技术的进一步扩展，主要针对的是分析型数据处理，可以满足分析决策的需要。1992 年，W.H.Inmon 在其里程碑式的《建立数据仓库》一书中提出了数据仓库的概念：数据仓库是面向主题的、综合的、不同时间的、稳定的数据集合，主要用于支持经营管理中的决策制定过程。数据仓库的最终目的是将企业范围内的全体数据集成到一个数据仓库中，它可以集成种类不同的应用系统中的异构数据，集成后按照主题进行重组，并且包含历史数据。这些数据一旦存入一般就不再发生变化，用户可以方便地从中进行信息查询、产生报表和进行数据分析等。简单地说，数据仓库就是从不同的数据源得到数据、组织数据，将数据库中大量的数据转化成有用信息，以有效地支持企业决策。

数据仓库与数据库存在着一定的联系。数据仓库是在数据库已经大量存在的情况下，为进一步挖掘数据资源、支持决策需要而产生的。数据仓库所要研究和解决的问题就是从数据库中获取信息，是数据库的高端扩展。但数据仓库面向的是分析型数据处理，不同于数据库面向的是事务型数据处理，也决不是所谓的"大型数据库"，两者之间存在明显的区别。数据库是事务系统的数据平台，而数据仓库是分析系统的数据平台；数据仓库中的数据面向主题，与传统数据库面向应用相对应；数据库一般存储在线交易数据，数据仓库存储的一般是历史数据；数据库设计尽量避免冗余，一般采用符合范式的规则来设计，数据仓库在设计时有意引入冗余，采用反范式的方式来设计；数据库是为捕获数据而设计，数据仓库是为分析数据而设计。例如：顾客在商场购物时相关的购物信息和消费信息都会写入到数据库中，这是使用的数据库技术，它对时效性要求较高，是实时的；商场的经营者从数据库系统中获取一段时间以来各种商品的销售数据、各个分店的销售数据等，经过汇总、加工，进行销售趋势分析，判断哪些商品更受顾客青睐，哪家分店更受顾客欢迎等，以便及时、准确地做出决策，这涉及的就是数据仓库技术，它是事后的。

数据仓库基于信息系统业务发展的需要而产生，基于数据库系统技术发展并逐步独立。数据仓库的出现并不是要取代数据库，它要建立在一个较全面和完善的信息应用的基础上，用于支持高层决策分析；而事务处理数据库在企业的信息环境中承担的是日常操作性的任务。而且，数据仓库还是使用数据库管理系统来管理其中的数据。因此，这两种技术是一种相辅相成的关系。

 **知识扩展**

扫描二维码获取更多有关数据库和数据仓库的知识。

扫一扫

6.3.2　数据挖掘

数据仓库技术的出现，为更深入地对数据进行分析提供了条件。但由于数据仓库中的内容来源于多个数据源，因此其中埋藏着丰富的不为用户所知的有用信息和知识，而要使企业能够及时准确地做出科学的经营决策，以适应变化迅速的市场环境，就需要有基于计算机与信息技术的智能化自动工具，来帮助挖掘隐藏在数据中的各类知识。借助于数理统计技术方法以及人工智能和知识工程等领域的研究成果，各种类型的数据挖掘与知识发现工具被开发出来。这些工具可以帮助从大量数据中发现所存在的特定模式规律，从而可以为商业活动、科学探索和医学研究等诸多领域提供所必需的信息知识。

数据挖掘（Data Mining，DM），又称为数据库中知识发现（Knowledge Discovery from Database，KDD），它是一个从大量数据中抽取挖掘出未知的、有价值的模式或规律等知识的复杂过程。数据挖掘的全过程定义描述如图 6-9 所示。

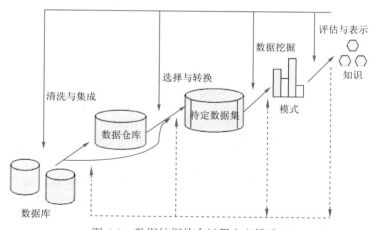

图 6-9　数据挖掘的全过程定义描述

整个知识挖掘过程是由若干挖掘步骤组成，而数据挖掘仅是其中的一个主要步骤。整个知识挖掘的主要步骤有：

① 数据清洗（Data Cleaning），其作用就是清除数据噪声和与挖掘主题明显无关的数据。

② 数据集成（Data Integration），其作用就是将来自多数据源中的相关数据组合到一起。

③ 数据转换（Data Transformation），其作用就是将数据转换为易于进行数据挖掘的数据存储形式。

④ 数据挖掘（Data Mining），它是知识挖掘的一个基本步骤，其作用就是利用智能方法挖掘数据模式或规律知识。

⑤ 模式评估（Pattern Evaluation），其作用就是根据一定评估标准（Interesting Measures）从挖掘结果筛选出有意义的模式知识。

⑥ 知识表示（Knowledge Presentation），其作用就是利用可视化和知识表达技术，向用户展示所挖掘出的相关知识。

尽管数据挖掘仅仅是整个知识挖掘过程中的一个重要步骤，但由于目前工业界、媒体、数据库研究领域中，"数据挖掘"一词已被广泛使用并被普遍接受，因此大多数情况下"数据挖掘"一词也可以用来广义地表示整个知识挖掘过程，即数据挖掘就是从数据库、数据仓库或其他信息资源库的大量数据中挖掘出有用知识的过程。

如图 6-10 所示，一个典型的数据挖掘系统主要包含以下主要部件：

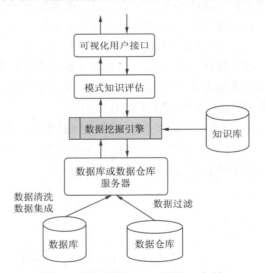

图 6-10　数据挖掘系统的主要部件

① 数据库、数据仓库或其他信息库：它表示数据挖掘对象是由一个（或一组）数据库、数据仓库、数据表单或其他信息数据库组成。通常需要使用数据清洗和数据集成操作，对这些数据对象进行初步的处理。

② 数据库或数据仓库服务器：这类服务器负责根据用户的数据挖掘请求，读取相关的数据。

③ 知识库：此处存放数据挖掘所需要的领域知识，这些知识将用于指导数据挖掘的搜索过程，或者用于帮助对挖掘结果的评估。

④ 数据挖掘引擎，这是数据挖掘系统的最基本部件，它通常包含一组挖掘功能模块，以便完成定性归纳、关联分析、分类归纳、进化计算和偏差分析等挖掘功能。

⑤ 模式知识评估：该模块可以根据评估标准，协助数据挖掘模块聚焦挖掘更有意义的模式知识。

⑥ 可视化用户界面：该模块帮助用户与数据挖掘系统本身进行沟通交流。

数据挖掘有机地结合了来自多学科的技术，其中包括：数据库、数理统计、机器学习、高性能计算、模式识别、神经网络、数据可视化、信息检索、图像与信号处理、空间数据分析等。特别要强调的是，数据挖掘处理的是大规模数据，并且其挖掘算法应是高效的和可扩展的。通过数据挖掘，可以从数据库中挖掘出有意义的知识、规律，或更高层次的信息，并可以从多个角度对其进行浏览查看。所挖掘出的知识可以帮助进行决策支持、过程控制、信息管理、查询处理等。因此数据挖掘被认为是数据库系统最重要的前沿研究领域之一，也是信息工业中最富有前景的数据库应用领域之一。

6.3.3 机器学习

目前，数据挖掘工作大多是通过机器学习提供的算法工具实现的。因此，数据挖掘可以视为机器学习和数据库的交叉，它主要利用机器学习界提供的技术来分析海量数据，利用数据库界提供的技术来管理海量数据。那么，什么是机器学习呢？

传统情况下，如果我们想让计算机工作，就得给它一串指令，然后让它按照这个指令一步一步执行下去。有因有果，非常明确。但这样的方式在机器学习中却行不通。机器学习根本不接受你输入的指令，相反，它接受你输入的数据。也就是说，机器学习是一种让计算机利用数据而不是指令来进行各种工作的方法。

机器学习方法是计算机利用已有的数据（经验），得出某种模型（规律），并利用此模型预测未来的一种方法。

人类在成长、生活过程中积累了很多的历史与经验。人类定期地对这些经验进行"归纳"，获得了生活的"规律"。当人类遇到未知的问题或者需要对未来进行"推测"的时候，人类使用这些"规律"，对未知问题与未来进行"推测"，从而指导自己的生活和工作。

机器学习中的"训练"与"预测"过程可以对应到人类的"归纳"和"推测"过程，如图 6-11 所示。通过这样的对应，我们可以发现，机器学习的思想并不复杂，仅仅是对人类在生活中学习成长的一个模拟。由于机器学习不是基于编程形成的结果，因此它的处理过程不是因果的逻辑，而是通过归纳思想得出的相关性结论。

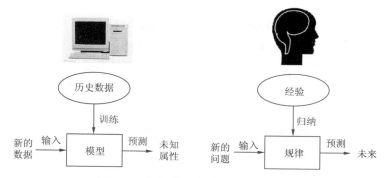

图 6-11　机器学习与人类思考的类比

机器学习与人类思考的经验过程是类似的，不过它能考虑更多的情况，执行更加复杂的计算。事实上，机器学习的一个主要目的就是把人类思考归纳经验的过程转化为计算机通过对数据的处理计算得出模型的过程。经过计算机得出的模型能够以近似于人的方式解决很多灵活复杂的问题。

机器学习目前已经广泛运用在计算机科学研究、自然语言处理、机器视觉、语音、游戏等领域。根据数据类型的不同，对一个问题的建模有不同的方式。在机器学习领域，人们首先会考虑算法的学习方式。将机器学习算法按照学习方式分类可以让人们在建模和算法选择的时候能考虑根据输入数据来选择最合适的算法，获得最好的结果。机器学习的算法按照学习方式主要可以分为：监督式学习、无监督式学习、半监督式学习和强化学习等。

（1）监督式学习

在监督式学习下，输入数据被称为"训练数据"，每组训练数据有一个明确的标识或结果。在建立预测模型的时候，监督式学习建立一个学习过程，将预测结果与"训练数据"的实际结果进行比较，不断地调整预测模型，直到模型的预测结果达到一个预期的准确率。比如，在对手写数字"1""2""3""4"等进行识别时所使用的机器学习算法就属于监督式学习。图 6-12 展示了监督式学习训练模型的过程。

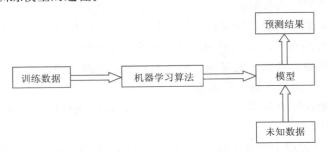

图 6-12 监督式学习训练模型的过程

监督式学习可以被分为分类和回归。分类是基于已知数据的学习，实现对新样本标识的预测。像手写数字的识别和防垃圾邮件系统中"垃圾邮件"和"非垃圾邮件"的区分就属于监督式学习中的分类。回归是针对连续型输出变量进行预测，通过从大量的数据中寻找自变量（输入）和相应连续的因变量（输出）之间的关系，通过学习这种关系来对未知的数据进行预测。

（2）无监督式学习

在无监督式学习中，数据并不被特别标识或者数据的总体趋势不明朗，学习模型是为了寻找数据中所潜在的规律，从而推断出数据的一些内在结构。

无监督式学习可以分为聚类和降维。聚类属于一种探索性的数据分析技术，在没有任何已知信息（标识、输出变量、反馈信号）的情况下，可以将数据划分为簇。在分析数据的时候，所划分的每一个簇中的数据都有一定的相似度，而不同簇之间具有较大的区别。降维技术则经常被使用在数据特征的预处理中，通过降维技术可以去除数据中的噪声，以及不同维度中所存在的相似特征，在最大程度地保留数据的重要信息的情况下将数据压缩到一个低维的空间中。

（3）半监督式学习

在此学习方式下，输入数据部分被标识，部分没有被标识，这种学习模型可以用来进行预测，但是模型首先需要学习数据的内在结构以便合理地组织数据来进行预测。半监督式学习在训练阶段结合了大量未标识的数据和少量标识数据。与使用所有标识数据的模型相比，使用训练集的训练模型在训练时可以更为准确，而且训练成本更低。

（4）强化学习

在这种学习模式下，输入数据作为对模型的反馈，不像监督式模型那样，输入数据仅仅是作为一个检查模型对错的方式，在强化学习下，输入数据直接反馈到模型，模型必须对此立刻作出调整。强化学习是通过构建一个系统（Agent），在与环境（Environment）交互的过程中提高系统的性能。环境的当前状态信息会包括一个反馈信号，通过这个反馈信号可以对当前的系统进行评价以改善系统，如图 6-13 所示。通过与环境的交互，Agent 可以通过强化学习来产生一系列的行为。强化学习经常被使用在游戏领域。

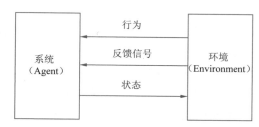

图 6-13　强化学习模式

扫一扫

扫描二维码获取更多有关机器学习的知识。

6.3.4　人工智能技术

前面介绍的机器学习实际上是人工智能最重要的一种实现方式，机器学习的方法被大量应用于解决人工智能的问题。那么到底什么是人工智能？它主要研究什么内容？主要应用在哪些领域呢？

人工智能（Artificial Intelligence，AI），最初是在 1956 年美国计算机协会组织的达特莫斯（Dartmouth）学会上提出的。自诞生以来，人工智能的理论和技术日益成熟，应用领域也不断扩大。但是关于它的定义，学术界一直尚无一个统一的描述。斯坦福大学人工智能研究中心的尼尔逊（Nilsson）教授从处理的对象出发，认为"人工智能是关于知识的科学，即怎样表示知识、怎样获取知识和怎样使用知识的科学"。麻省理工学院温斯顿（Winston）教授则认为"人工智能就是研究如何使计算机去做过去只有人才能做出的富有智能的工作"。斯坦福大学费根鲍姆(Feigenbaum)教授从知识工程的角度出发，认为"人工智能是一个知识信息处理系统"。

简单来说，人工智能就是运用知识来解决问题，研究、开发用于模拟、延伸和扩展人的智能的理论、方法、技术及应用系统，从而实现机器智能，使计算机也具有人类听、说、读、写、思考、学习、适应环境变化、解决各种实际问题的能力。它是计算机科学的一个分支，它企图了解智能的实质，并生产出一种新的能以人类智能相似的方式做出反应的智能机器。

人工智能的发展经历过几次高潮和低谷，最近几年，Google AlphaGo 连续多次击败世界各地围棋高手，Google 开源深度学习系统 Tensorflow 正式发布，百度 AI 开发者大会正式发布 DuerOS 语音系统和 Apollo1.0 无人自动驾驶平台，华为发布全球第一款 AI 移动芯片麒麟 970 等，一系列大事件预示着人工智能又迎来了一次新的发展高潮，这次高潮有可能会将人类带入一个崭新的人工智能的时代。1997 年，IBM 的超级计算机深蓝曾在国际象棋领域完胜人类代表卡斯帕罗夫；相隔 20 年，Google 的 AlphaGo 在围棋领域完胜人类代表柯洁。这两次事件实际上有着本质上的不同。简单点说，深蓝的代码是研究人员编程的，知识和经验也是研究人员传授的，所以可以认为与卡斯帕罗夫对战的深蓝的背后还是人类，只不过它的运算能力比人类更强，更少失误。而 AlphaGo 的代码是自我更新的，知识和经验是自我训练出来的。与深蓝不一样的是，AlphaGo 拥有两颗大脑，一颗负责预测落子的最佳概率，一颗做整体的局面判断，通过两颗大脑的协同工作，它能够判断出未来几十步的胜率大小。所以与柯洁对战的 AlphaGo 的背后是通过十几万盘的海量训练后，拥有自主学习能力的人工智能系统。

人工智能的研究目标可以划分为近期目标和远期目标两个阶段。人工智能近期目标的中心任务是研究如何使计算机去做那些只有靠人的智力才能完成的工作，部分地或某种程度地实现机器智能，并运用智能技术解决各种实际问题，从而使现有的计算机更灵活好用和更聪明有用。人工智能的远期目标是要制造智能机器，使计算机具有看、听、说、写等感知和交互能力，具有联想、学习、推理、理解等高级思维能力，还要有分析问题、解决问题和发明创造的能力，从而大大扩展和延伸人的智能，实现人类社会的全面智能化。

人工智能的研究内容可以归纳为：搜索与求解、学习与发现、知识与推理、发明与创造、感知与交流、记忆与联想、系统与建设、应用与工程等八个方面。从研究对象来说，人工智能涉及三个相对独立的域，即：

① 研究会读和说的计算机程序，也就是通常称为的"自然语言处理"领域。

② 研制灵敏的机器，通过设计出具有视觉和听觉程序化的机器人，在活动时能识别不断改变的环境。

③ 开发用符号识别来模拟人类专家行为的程序，即专家系统。

人工智能的研究是与具体领域相结合进行的，基本上有如下应用领域：

（1）专家系统

专家系统是一种模拟人类专家解决某些领域问题的计算机程序系统。专家系统内部含有大量的某个领域的专家水平的知识与经验，能够运用人类专家的知识和解决问题的方法进行推理和判断，模拟人类专家的决策过程，来解决该领域的复杂问题。它是人工智能应用研究最活跃和最广泛的应用领域之一。

（2）机器学习

机器学习就是机器自己获取知识。机器学习的研究主要是研究人类学习的机理、人脑思维的过程、机器学习的方法，建立针对具体任务的学习系统。

（3）模式识别

模式识别是研究如何使机器具有感知能力，主要研究听觉模式和视觉模式的识别，如识别物体、地形、图像、字体等。

（4）人工神经网络

人工神经网络是在研究人脑的奥秘中得到启发，试图用大量的处理单元（人工神经元、处理元件、电子元件等）模仿人脑神经系统工程结构和工作机理。通过范例的学习，修改了知识库和推理机的结构，达到实现人工智能的目的。

（5）智能决策支持系统

将人工智能特别是智能和知识处理技术应用于决策支持系统，扩大了决策支持系统的应用范围，提高了系统解决问题的能力，这就成为了智能决策支持系统。

（6）自动定理证明

自动定理证明是指利用计算机证明非数值性的结果，即确定真假值。这些程序能够借助于对事实数据库的操作来证明和作推理判断。

（7）自然语言理解及自动程序设计

自然语言理解研究用电子计算机模拟人的语言交际过程，使计算机能理解和运用人类社会的自然语言如汉语、英语等，实现人机之间的自然语言通信，以代替人的部分脑力劳动，包括查询资料、解答问题、摘录文献、汇编资料以及一切有关自然语言信息的加工处理。

自动程序设计可以使计算机自身能够根据各种不同目的和要求来自动编写计算机程序，既可用高级语言编程，又可用人类语言描述算法。

知识扩展

扫一扫

人工智能技术目前在我们生活中的应用也越来越多，比如：智能手机上的语音助手、可以帮助我们打扫家务的扫地机器人、智能化搜索，脸部识别、指纹识别等。未来，人工智能可能会向模糊处理、并行化、神经网络和机器情感等几个方面发展。人工神经网络是未来人工智能应用的新领域，而人工智能领域的下一个突破可能在于赋予计算机情感能力，这对于计算机与人的自然交往至关重要。

扫描二维码获取更多有关人工智能的知识。

6.3.5 智能决策支持系统

决策支持系统（Decision Support System，DSS）是管理信息系统（MIS）和运筹学交叉的基础上发展起来的新型计算机学科。它是辅助决策者通过数据、模型和知识，以人机交互方式进行半结构化或非结构化决策的计算机应用系统。决策支持系统概念自从 20世纪 70 年代被提出以来，已经得到很大的发展。20 世纪 80 年代末 90 年代初，决策支持系统开始与人工智能相结合，应用专家系统（Expert System，ES）技术，使 DSS 能够更充分地应用人类的知识，如关于决策问题的描述性知识、决策过程中的过程性知识、求解问题的推理性知识，通过逻辑推理来帮助解决复杂的决策问题，形成了智能决策支持系统（Intelligent Decision Support System，IDSS）。

IDSS 的概念最早由美国学者波恩切克（Bonczek）等人于 20 世纪 80 年代提出，它的功能是，既能处理定量问题，又能处理定性问题。IDSS 的核心思想是将 AI 与其他相关科学成果相结合，使 DSS 具有人工智能。

传统的 DSS 由数据库、模型库、方法库三个库和用户接口组成，数据库存放基础数据、决策信息和事实性知识，模型库用来存放各种决策、预测及分析模型，方法库用来存放各种模拟、预测及决策、分析方法。1985 年，R.Kbelew 提出了一个四库的 IDSS 结构模型，在传统的三库 DSS 的基础上增设知识库与推理机，在人机对话子系统加入自然语言处理系统（LS），人机接口与四库之间插入问题处理系统（PSS）。其知识库用来存放各种规则集、专家知识经验及其因果关系。推理机用来模拟人类的思维过程，它以模型处理为中心，进行知识信息处理。这一部分正是专家系统（ES）的功能及其组成部分。智能决策支持系统的结构如图 6-14 所示。

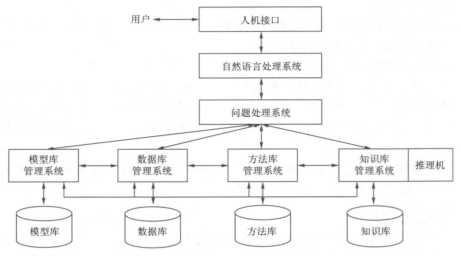

图 6-14　智能决策支持系统的结构

（1）智能人机接口

四库系统的智能人机接口接受用自然语言或接近自然语言的方式表达的决策问题及决策目标，这较大程度地改变了人机界面的性能。

（2）问题处理系统

问题处理系统处于 IDSS 的中心位置，是联系人与机器及所存储的求解资源的桥梁，主要由问题分析器与问题求解器两部分组成。其工作流程如图 6-15 所示。

① 自然语言处理系统：转换产生的问题描述。由问题分析器判断问题的结构化程度，对结构化问题选择或构造模型，采用传统的模型计算求解；对半结构化或非结构化问题则由规则模型与推理机制来求解。

② 问题处理系统：是 IDSS 中最活跃的部件，它既要识别与分析问题，设计求解方案，还要为问题求解调用四库中的数据、模型、方法及知识等资源，对半结构化或非结构化问题还要触发推理机作推理或新知识的推求。

（3）知识库子系统和推理机

知识库子系统的组成可分为三部分：知识库管理系统、知识库及推理机。

① 知识库管理系统。功能主要有两个：一是回答对知识库知识增、删、改等维护的请求；二是回答决策过程中问题分析与判断所需知识的请求。

② 知识库。知识库是知识库子系统的核心，包含事实库和规则库两部分。知识库中存储的是那些既不能用数据表示，也不能用模型方法描述的专家知识和经验，既是决策专家的决策知识和经验知识，同时还包括一些特定问题领域的专门知识。知识库中的知识表示是知识

的符号化过程。对于同一知识,可有不同的知识表示形式。知识的表示形式直接影响推理方式,并在很大程度上决定着一个系统的能力和通用性。

③ 推理机。推理是指从已知事实推出新事实(结论)的过程。推理机是一组程序,它针对用户问题去处理知识库(规则和事实)。

随着数据仓库、数据挖掘、联机分析处理、网络、分布式处理、多媒体、软件工程和人机交互等技术的发展,极大地促进了智能决策支持系统向着网络化、综合性的方向进一步发展。

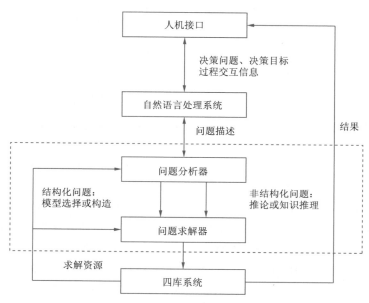

图 6-15　问题处理系统工作流程

6.4　云计算大数据认知实践

6.4.1　实践目的

本次实践的主要目的是:

① 了解主流的网络存储技术。

② 了解云计算的分类和典型特征。

③ 了解主要的大数据分析技术以及它们的典型应用。

6.4.2　实践的参考地点及形式

本次实践可以在具备云计算、大数据实训平台的实训室中实施,不具备实训条件的可以通过 Internet 浏览网站和搜索引擎查询的方式进行。

6.4.3　实践内容

实践内容包括以下几个要求:

① 实地观察云计算、大数据实训室的数据中心的组成和结构,确认采用的是何种网络存储技术。

② 在云计算、大数据实训平台上体验桌面云、大数据分析等一些典型应用。

③ 利用 Internet，浏览阿里云、腾讯云、百度云等网站，了解这些公司各自提供了哪些云计算服务，这些服务分别属于云计算的哪种模式，提供了哪些大数据产品，使用了哪些大数据分析技术。

④ 寻找自己身边的云计算和大数据分析的应用案例，列举 2 ～ 3 个实例，在 Internet 上查询它们使用的主要技术和基本的工作原理。

6.4.4 实践总结

根据实践内容要求，完成实践总结，总结中需要体现上述四个要求。

6.5 习 题

一、选择题

1. 将多个存储设备通过光纤通道或 SCSI 接口直接连接在服务器上的网络存储技术是（　　）。

    A. SAN   B. NAS   C. DAS   D. OBS

2. 从商业视角来看，云计算与下面（　　）比较像。

    A. 加油站   B. 水库   C. 自来水管   D. 信息电厂

3. 某企业是一家传统的互联网数据中心服务商，有自建的数据中心。当该企业考虑向云计算行业转型的时候，最有可能选择如下（　　）云计算商业模式。

    A. IaaS   B. PaaS   C. SaaS   D. DaaS

4. 某公司搭建云计算服务平台，提供虚拟机资源供需要的用户购买，此公司属于（　　）云计算部署模式。

    A. 私有云   B. 公有云   C. 政务云   D. 混合云

5. 某用户从云服务提供商租用虚拟机进行日常使用，外出旅游时把虚拟机归还给云服务提供商，这体现了云计算的（　　）关键特征。

    A. 按需自助服务   B. 按使用付费

    C. 快速弹性   D. 与位置无关的资源池

6. 某公司使用云计算技术构建虚拟化数据中心后，IT 技术支撑人员大大减少，这体现了云计算的（　　）价值。

    A. 数据安全   B. 统一管理   C. 提高资源利用率   D. 节省维护成本

7. 识别汽车车牌上的字母和数字属于机器学习的（　　）学习方式。

    A. 强化学习   B. 监督式学习   C. 无监督式学习   D. 半监督式学习

8. 以下（　　）不属于人工智能的应用领域。

    A. 专家系统   B. 机器学习

    C. 高级程序设计语言   D. 智能决策支持系统

9. 智能决策支持系统（IDSS）在传统三库决策支持系统的基础上增设了（　　）。

    A. 数据库与推理机   B. 模型库与推理机

    C. 方法库与推理机   D. 知识库与推理机

10. 以下不属于知识挖掘主要步骤的是（   ）。

    A. 数据清洗   B. 数据挖掘   C. 数据备份   D. 知识表示

二、填空题

1. 传统的网络存储技术主要有_____、_____、_____和_____四种。

2. 一个完整的数据中心在其建筑之中，由_____、_____和_____这三个逻辑部分组成。

3. 云计算是_____技术和_____技术发展到一定阶段的必然产物。

4. 云计算按照部署模式可以分为：_____、_____和_____三种类型。

5. 云计算按照服务类型可以分为：_____、_____和_____三种类型。

6. 机器学习的算法按照学习方式主要可以分为：_____、_____、_____和_____四种。

7. 智能决策支持系统采用四库的结构模型，在人机对话子系统加入了_____，人机接口与四库之间插入了_____。

三、判断题

1. 数据中心指的就是计算机服务器设备、网络设备和存储设备。   （   ）

2. 云计算是一种基于互联网的计算方式，通过这种方式，共享的软硬件资源池和信息可以按需提供给计算机或其他设备。   （   ）

3. 云服务提供商在虚拟机上安装操作系统、中间件和应用软件，然后把此整体资源提供给用户使用，此种云计算商业模式是 PaaS。   （   ）

4. 某公司云计算环境由自己构建，并且把资源组合成虚拟桌面提供给公司员工使用，该使用模式属于私有云。   （   ）

5. 数据库就是数据仓库的简称。   （   ）

6. 数据挖掘可以看作是机器学习技术和数据库技术的交叉。   （   ）

7. 人工智能的近期目标是要制造智能机器。   （   ）

第7章

物联网安全技术

引言

典型工作任务工作过程描述：本章知识支撑的物联网应用技术专业的典型工作任务是物联网应用系统安全维护。典型工作任务的工作过程描述如图 7-1 所示。

图 7-1　典型工作任务工作流程图

内容结构图

物联网应用系统安全维护按照安全问题定位、安全技术选型和安全维护处理三个步骤进行。安全问题定位包括对物联网感知层、网络层、处理层和应用层安全问题的排查，确定问题成因；安全技术选型根据问题定位结果选取合适的安全技术解决安全问题；安全维护处理是利用选取的安全技术对安全问题逐一解决，最后进行运行测试，确保安全问题排除。

在完成该典型任务的工作过程中所需的理论知识结构如图 7-2 所示。

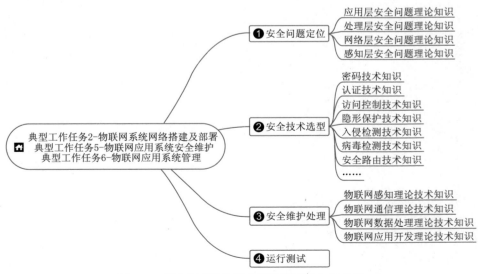

图 7-2　支持典型工作任务所需的理论知识结构

 **学习目标**

通过对本章内容的学习，学生应该能够做到：

- 能知道物联网安全层次架构，并能说出物联网安全的特殊性。
- 能解释物联网安全的关键技术。
- 能说出物联网分层体系中各层次常见的安全问题。
- 能说出物联网在云计算、WLAN、IPv6、WSN、RFID 中存在的安全风险。

7.1　物联网安全概述

7.1.1　物联网安全的重要性

自 2005 年国际电信联盟在《ITU 互联网报告 2005：物联网》中正式提出"物联网"概念以来，伴随着互联网和智能计算的飞速发展，物联网技术的发展也取得了长足的进步。如移动支付、智能家居、智慧交通等典型应用都离不开物联网技术的支撑。随着 IPv6 协议和 5G 通信的推广，网络的传输和响应速度会越来越快，这也预示着万物互联时代即将来临。国际数据公司（International Data Corporation，IDC）报告中指出，预计到 2020 年全球物联网市场规模将到达 17 000 亿美元，物联网设备将有 200 亿台。

虽然物联网发展速度日趋迅猛，但物联网安全问题也日益突出。2018 年，据 Gartner Group 调查，近 20% 的企业组织在过去三年中，至少发现过一次基于物联网的攻击事件。表 7-1 列出了 2017 年部分物联网安全事件。

表 7-1　2017 年部分物联网安全事件

时间	地区	公司或组织	事件	影响
2017 年 3 月	美国	Spiral Toys	CloudPets 系列智能玩具数据库受到恶意入侵	敏感客户数据泄露
2017 年 4 月	中国	双流国际机场	无人机黑飞事件	百余架航班迫降或返航，万名旅客滞留，经济损失数千万元
2017 年 4 月	韩国	三星	Tizen 操作系统漏洞	远程控制三星智能电视、手表
2017 年 4 月	中国	华为	芯片组中的 4G LTE 调制解调器存在基带漏洞 MIAMI	攻击者可通过此漏洞监听手机通信、拨打电话、发送短信等
2017 年 11 月	韩国	LG	智能家居设备存在漏洞	可远程劫持 SmartThinQ 家用电器
2017 年 12 月	美国	达拉斯	高速公路电子交通指示牌受到黑客攻击	标志牌内容遭到篡改

安全事件的频发，引起了业界对物联网安全问题的广泛关注。致使针对物联网安全的投入也逐渐增长。图 7-3 是 Gartner Group 在 2018 年 3 月公布的全球物联网安全支出预测，可见用于物联网安全的支出整体呈增长趋势。

物联网安全关系整个物联网产业的健康发展，如果不能妥善解决物联网安全问题，将极大地阻碍物联网技术的发展和物联网应用的推广，甚至会影响到国家安全。

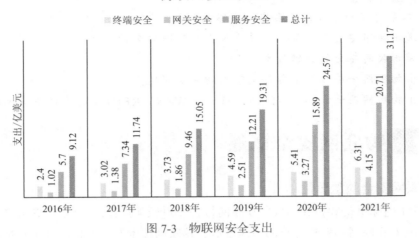

图 7-3　物联网安全支出

7.1.2　物联网的安全架构

　　随着大数据、云计算等技术发展，目前物联网应用的典型系统架构是一种"海 - 网 - 云"的结构，如图 7-4 所示。

图 7-4　海 - 网 - 云应用系统架构

　　在这种架构中，分布在系统中的所有终端设备（包括移动终端、传感器、RFID 等）产生的数据是"海量"的；这些数据通过"网络"（包括互联网、卫星网、移动网等）传输给上一层；上一层对海量数据进行存储、计算、分析，用户无需知道数据具体存储在哪台计算机或由哪个处理器来处理，而只需要知道如何获取处理结果即可，这个负责数据处理的就是"云层"。

　　从逻辑结构来看，物联网的核心分为感知层、网络层、处理层和应用层，如图 7-5 所示。感知层负责采集现实世界中产生的数据，实现对外部世界的感知；网络层负责在泛在互联网络环境中感知信息的接入和高可靠、高安全的传输；处理层负责对传输来的数据进行存储、融合、分析和处理，为应用层提供服务；应用层是结合具体用户需求和业务模型，构建场景应用系统。

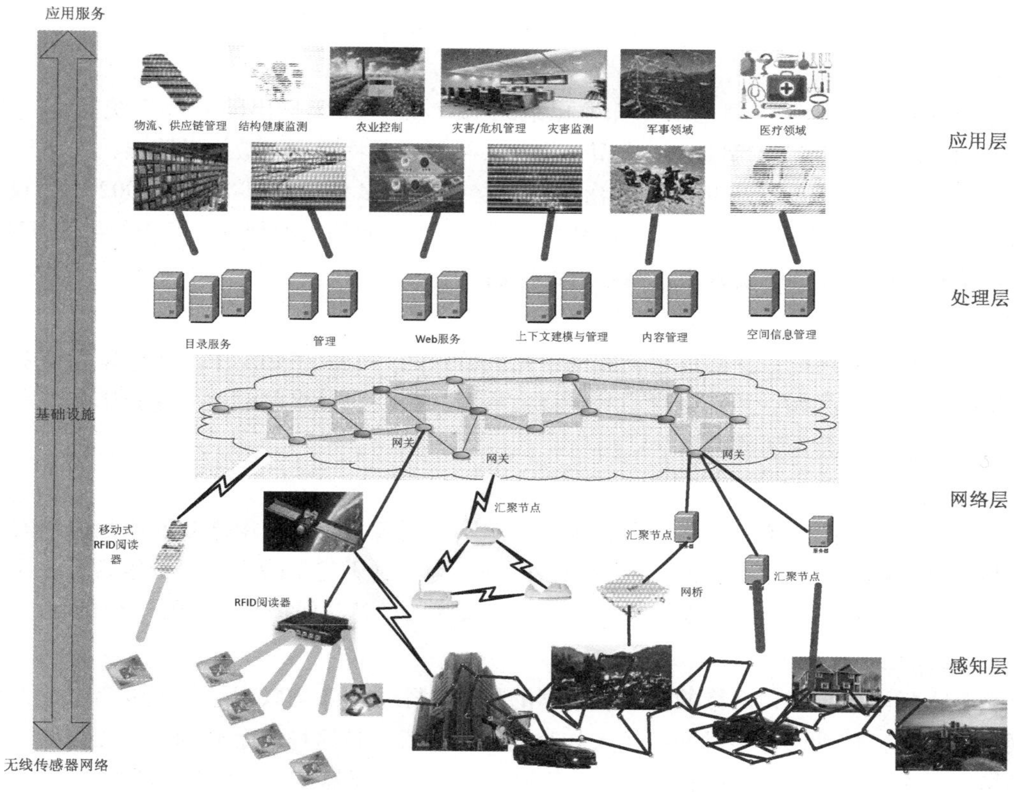

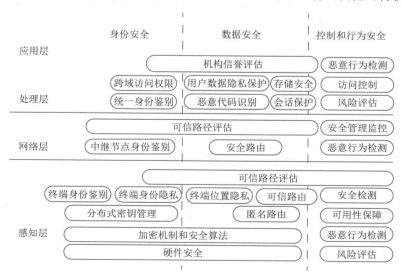

图 7-5　物联网逻辑架构

无论是物联网应用的系统架构还是物联网逻辑架构，本质都是一种层次化的结构，而每个层次都涉及物联网的安全问题。按照分层结构思想，图 7-6 展示了一种层次化的物联网安全架构。

图 7-6　层次化物联网安全架构

7.1.3 物联网安全的特殊性

与传统的互联网相比，物联网安全的特殊性主要表现在以下几个方面：

1. 分层模型

传统的互联网分层模型是国际标准化组织 ISO 在 1981 年提出的开放系统互连（Open System Interconnection，OSI）7 层模型，将互联网划分为物理层、数据链路层、网络层、传输层、会话层、表示层、应用层。而物联网分层模型大多采用 ITU-T 在 Y.2002 中建议的 4 层结构：感知层、网络层、处理层、应用层。可见，物联网的层次划分不同于传统的互联网，因此传统互联网的安全协议无法直接应用到物联网中来。

2. 电磁干扰

与传统互联网相比，感知层是物联网中比较特殊的一层。感知层中的传感器物理安全是物联网特有的安全问题，包括电磁信号干扰、屏蔽和截获。如果电磁信号受到影响，个人和国家的信息安全就会受到威胁。

3. 资源受限

相比互联网中的交换机、路由器、服务器等网络设备，物联网中涉及的诸如传感器节点或其他移动终端设备都存在资源和能量受限问题。因此过于复杂的安全保护体系无法在物联网中运行，这就需要设计轻量级的加密认证、鉴权鉴别、隐私保护等相关的安全机制。

4. 网络异构

整个物联网体系中，网络的接入和数据的传输，除了涉及互联网之外，也会牵扯无线传感网、卫星网、移动网等多种网络接入和数据传输方式。在这样一个异构的、泛在的复杂网络环境下，对物联网的安全机制、信息的传输、存储和管理都提出了更高的要求。

7.1.4 物联网安全的关键技术

物联网作为一种多网融合的网络，其安全问题涉及各个网络的不同层次。虽然移动网和互联网的安全研究时间较长，但由于物联网本身的特殊性，致使其安全问题的研究难度较大，基本还处于起步阶段。物联网的安全技术架构如图 7-7 所示。

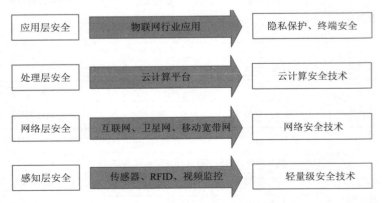

图 7-7　物联网的安全技术架构

1. 轻量级密码技术

密码技术是安全的基础。轻量级密码技术适应于资源受限的设备，且能提供足够的安全性，并具有良好的实现效率。轻量级密码的设计通常采用两种方式：一是对现有密码算法进行轻量化改进；二是从安全、成本、效率三个角度设计全新的轻量级密码算法。但后者需要经过大量的安全性分析。典型的轻量级密码有分组密码（如 DESL、HIGHT、PRESENT、MIBS）和流密码（如 WG-7、Grain、A2U2）。

2．认证技术

认证技术包括身份认证和消息认证两个方面。身份认证是确认操作者身份的过程，保证操作者的身份是合法的。消息认证是用来验证消息的完整性，一方面验证信息的发送者不是冒充的，另一方面验证信息在传输过程中未被篡改、重放或延迟。物联网认证技术包括基于轻量级公钥的认证技术、预共享密钥的认证技术、随机密钥预分布的认证技术、利用辅助信息的认证技术、基于单项散列函数的认证技术等。

3．访问控制技术

访问控制是按用户身份及其所归属的某项定义组来限制用户对某些信息项的访问，或限制对某些控制功能的使用的一种技术。常见的访问控制技术有自主访问控制（Discretionary Access Control，DAC）、强制访问控制（Mandatory Access Control，MAC）、基于角色的访问控制（Role Based Access Control，RBAC）、基于属性访问控制（Attribute Based Access Control，ABAC）、基于任务访问控制（Task Based Access Control，TBAC）和基于对象访问控制（Object Based Access Control，OBAC）等。

4．隐私保护技术

物联网收集的数据中涉及人们日常生活中的隐私信息。如人们在使用基于地理位置服务的应用时会包含位置信息，在使用智能手环时会包含身体健康状况数据，在使用应用的查询功能时会包含查询信息。这些位置信息、健康状况、查询信息都涉及人们的隐私信息。目前隐私保护的方法主要有位置伪装、时空匿名、数据加密、数据失真等。

5．入侵检测技术

入侵检测技术是通过对网络中收集的若干关键点信息进行分析，从中发现违反安全策略的行为或被攻击的迹象的一种安全技术。入侵检测可分为误用检测和异常检测。误用检测方法主要有模式匹配、专家系统和状态转换分析。异常检测方法主要有统计分析法、神经网络法、生物免疫法、机器学习法等。

6．病毒检测技术

传统的病毒检测技术是通过基于病毒特征库匹配手段判定出特定病毒的一种技术。常用的匹配手段有病毒关键字、病毒程序段内容、病毒特征等。但这种技术的缺点是无法检测病毒特征库以外的病毒。针对这一缺陷，研究人员已提出了启发式检测技术、人工免疫技术等智能型病毒检测技术。

7．安全路由技术

传感器节点的电量供应、计算能力、存储容量都十分有限，且通常都部署在无人值守、条件较为恶劣的区域，因此极易受到各类攻击。无线传感网常受到的攻击主要有虚拟路由信息攻击、选择性转发攻击、污水池攻击、女巫攻击、虫洞攻击、Hello 洪泛攻击、确认攻击等。目前研究人员已提出了一些较为有效的安全路由算法，如 TRANS、INSENS、SEIF 等。

除以上技术之外，还有像密钥管理、容侵容错、安全管控、叛逆追踪等技术来解决物联网安全问题。

扫一扫

物联网是一种新型产业方向，是信息技术发展的一个新阶段。欧美日等发达国家将物联网视为未来发展的重要领域，纷纷提出物联网发展的战略、规划、核心技术及产业重点。2008年，美国提出"智慧地球"，2009年，欧盟提出了"物联网行动计划"，日本提出"i-Japan"计划。不难看出，许多国家在物联网领域的投入和重视程度都很大，以在新一轮的信息化浪潮中占得先机。自2009年温家宝提出"感知中国"之后，我国物联网也得到了较大的发展。但物联网安全问题还没有引起足够重视，我国物联网安全领域的研究还处于起步阶段，物联网安全技术在产业方面的应用还很不够。

美国"智慧地球""感知中国"知识链接。

7.2 物联网分层安全体系

按照物联网的逻辑层次划分，物联网分层安全体系如图7-8所示。不同层次面临各种安全威胁。

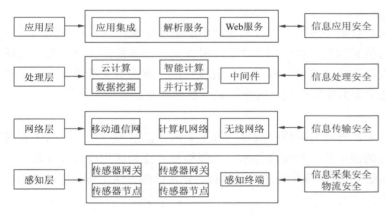

图7-8 物联网分层安全体系

7.2.1 感知层的安全问题

感知层是物联网所特有的，其主要任务是负责全面感知外界信息。像RFID装置、各类传感器、摄像头等设备都工作在这一层。这些设备大多是资源受限，以分布式的方式部署在动态多变的网络拓扑结构中。感知层的主要安全问题有：

（1）节点俘获

很多感知节点都是静态部署在无人值守的区域，容易被攻击者俘获并获取节点所保存的密钥信息，从而对节点取得控制。

（2）暴力破解

由于感知节点的计算能力和存储资源有限，很容易被攻击者以暴力破解的方式所攻克。

（3）节点克隆

有些感知节点的功能单一，硬件结构简单，容易被攻击者复制。

（4）身份伪造

感知层节点以分布式的方式运行在传感网上，节点种类繁杂，数量众多，给认证机制带来困难。恶意节点利用这一特点使用虚假身份进行攻击或欺骗。

（5）路由攻击

感知节点采集的数据以多跳的形式进行传输，中间可能会经过若干中继节点。数据转发的过程中可能会受到恶意攻击。

（6）拒绝服务

感知节点的处理能力有限，对抗拒绝服务（DOS）攻击的能力比较脆弱。

（7）隐私泄露

感知数据通常会携带有敏感信息，攻击者可以通过被动或主动方式窃取感兴趣的数据。

7.2.2　网络层的安全问题

网络层主要用于把感知层收集到的信息安全可靠地传输到处理层。因此网络层主要包括互联网、移动网、卫星网等网络基础设施。信息在传输的过程中可能会经过多个异构网络的交接。网络层的安全问题有：

（1）分布式拒绝服务攻击

攻击者借助多个傀儡节点，将其联合起来以分布式的方式对一个或多个目标发起拒绝服务攻击，从而提高拒绝服务攻击的威力。

（2）中间人攻击

攻击者将自己放置在两个通信实体之间，通常是客户端和服务端通信线路中间，通过这种方式，攻击者可以很容易地发起信息篡改、信息窃取、DNS 欺骗、会话劫持等攻击。

（3）异构网络攻击

物联网中的网络层融合了包括互联网、移动网、卫星网等多种异构网络，这些异构网络的信息交换将成为完全性的脆弱点，特别在网络认证方面存在异步攻击、合谋攻击、身份篡改等。

（4）路由攻击

网络层节点主要是有线或终端—基站无线传输，与感知层的路由攻击方式有所不同，主要涉及对路径拓扑和转发数据的恶意攻击行为。

7.2.3　处理层的安全问题

处理层是信息到达智能处理平台的处理过程，包括数据的融合、计算、分析等，主要提供基础性功能服务。处理层的安全问题有：

（1）非授权访问

在物联网架构中，如果权限配置不合理或恶意攻击者入侵系统，可造成攻击者未经授权可访问相关服务。

（2）数据攻击

数据层面攻击者对服务可进行重放服务请求、修改请求部分数据、字典攻击等。

（3）会话攻击

会话是一次带状态的服务访问。攻击者可劫持或重放会话，非法获得访问权限。

除此之外，还存在海量数据的识别与处理、灾难控制与恢复、内部非法人为干预等安全问题。

7.2.4　应用层的安全问题

应用层是结合具体用户需求和业务模型，来构建场景应用。是综合的或带有个性特征的具体应用业务。在应用层，攻击者可利用已知的漏洞（如缓冲区溢出、SQL 注入等）、错误的配置或后门，获得更高的权限，破坏应用的安全性。应用层的安全问题有：

（1）隐私泄露

攻击者可利用已知的漏洞获得用户的敏感数据（如账号、密码、位置、身份），或根据用户的历史数据、社交数据和查询数据，分析获得用户感兴趣的内容。

（2）恶意代码

攻击者利用已知漏洞，上传恶意代码，造成用户的软件被感染病毒。

（3）社会工程

社会工程攻击主要是指攻击者利用人类的弱点或公司制度的漏洞而获得对于资源的非法访问。攻击者通过社会工程，可分析或获得用户的额外信息，进而发起其他攻击。物联网应用的社交性、地域局限性使得此类攻击更难防范。

🔖**知识扩展**

随着物联网的发展，物联网、互联网和 4G/5G 技术的不断结合，未来的物联网智能化程度将越来越高，在日常生活更多的领域中将会得到广泛应用。同时，伴随着物联网安全性方面的影响也不容忽视。物联网信号的窃取将直接影响整个物联网的信息安全。病毒、黑客、恶意软件的强大，很可能会限制我们的出行或通过入侵我们的手机阻碍我们的通信。事实上，物联网的安全不仅仅是技术问题，还涉及规划、基础建设、管理等各个方面，甚至需要国家层面出台相应配套的政策、法律法规来加强物联网完全的建设。

读者可以自己搜索 IBM 之"物联网安全观点"及中国信息通信研究院"物联网安全白皮书"的内容。

7.3　物联网面临的其他安全风险

7.3.1　云计算面临的安全风险

云计算概念自提出以来一直面临着不少严峻的安全问题。如何构建安全的云计算环境成为当前计算机学科研究的热点问题之一。云计算面临的安全风险主要体现在以下几个方面：

（1）身份安全

云计算平台是一个共享的平台，因此对使用者身份合法性的确认是保证云安全的首要任务。如果非法用户侵入云平台，可以利用各种攻击手段获取敏感信息，掌握内容资源。

（2）数据安全

云计算要处理海量数据，海量数据的处理要经过数据的通信、管理和保存过程。在上述过程中可能会出现数据丢失、任意截获、随意修改等安全问题。另外，云计算缺乏对数据内容的鉴别机制，缺少数据的检查和校验环节，这就会使得无效数据或伪造数据混入其中。因此，保证云数据的安全性和保密性十分重要。

（3）虚拟机安全

虚拟化技术是云计算得以实现的关键技术。云计算环境的部署过程中，往往会伴随着虚拟机的动态创建和迁移过程。这就要求虚拟机的安全措施也必须随之自动创建和迁移。否则容易导致接入和管理虚拟机的密钥被盗取、提供的服务受到攻击。

（4）网络安全

云计算的数据传输是离不开网络的。在传输过程中数据完整性和私密性受到很大的威胁。传统网络面临的安全问题，在云计算环境中都存在，甚至威胁更严重。

（5）服务安全

云计算可针对不同的用户需求，提供不同的云端服务，如 SaaS、PaaS、IaaS 等。云平台的建设、维护需要投入大量的人力、物力和财力资源。如果云服务提供商一旦破产，云平台上的数据可能会面临着丢失，这对使用云服务的用户来说将是一场灾难。如何保证为用户提供一个持久安全的服务是云计算面临的又一个安全问题。

7.3.2 WLAN 面临的安全风险

无线局域网（Wireless Local Area Network，WLAN）由于传输介质的开放性，与有线网络相比，其脆弱性更为严重，面临安全风险和安全问题也更大。WLAN 面临的安全风险主要有：

（1）非法接入

对于企业来说，攻击者们一旦接入企业内部网络，企业的信息资产将受到巨大的威胁；而对于个人而言，非法用户的接入可以实现"蹭网"的目的，来逃避通信费用。

（2）AP 伪装

攻击者使用假冒的网络接入设备诱导合法用户访问，进而获取用户的账号、口令等敏感信息。

（3）数据篡改

在无线网络中，攻击者可通过伪造用户请求、伪造管控报文、伪造业务数据等方式对受害者进行欺骗。

（4）报文重放

攻击者记录下网络上发送的报文，然后将该报文重放出去。如攻击者重放用户认证报文来假冒合法用户获取系统的访问权限。

（5）拒绝服务

在无线网络中，由于介质的开放性，攻击者很容易对网络发起洪泛攻击，向系统发出请求，耗尽系统资源，造成服务瘫痪。

7.3.3 IPv6 面临的安全风险

IPv6 被称为下一代国际协议，引入 IPv6 的一个重要的原因是它解决了 IP 地址匮乏的问题。下一代互联网的开放式接口增多，网络应用的规模和速度也大幅提高。对应的安全性风险也随之增大。IPv6 协议中由于引入了许多新的协议，新协议的特征可能会被攻击利用，完成对网络系统的攻击。在网络管理方面，PKI 管理在 IPv6 中是一个悬而未决的问题。另外，像 IPv4 向 IPv6 过渡的技术、IPv6 组播技术、移动 IPv6 技术仍然存在很多新的安全挑战。

7.3.4　无线传感器网络面临的安全风险

在无线传感网中，大多数传感器节点在部署前，网络拓扑是无法预知的，同时部署后，整个网络拓扑、传感节点在网络中的角色也是经常变化的，与传统的有线网和无线网对网络设备事先进行完全配置不同，无线传感网中，对传感器节点进行预配置的范围是有限的，很多网络参数、密钥等都是传感节点在部署后进行协商后形成的。因此，无线传感器网络容易遭受传感节点的物理操纵、传感信息的窃听、拒绝服务攻击、私有信息的泄露等多种威胁和攻击。

7.3.5　基于 RFID 的物联网应用安全

RFID（Radio Frequency Identification）技术是物联网应用中一个比较重要的通信技术。主要利用微波、低频、高频和超高频的无线电波信号实现通信。RFID 系统主要包括电子标签、读写器和支持软件。基于 RFID 的物联网应用存在电子标签可能被窃取、信息篡改、伪装或克隆，电子标签被恶意扫描、追踪，通信网络被阻塞、破坏、干扰、窃听、拒绝服务等安全威胁；在应用层可能存在数据被窃取、被恶意访问、被非法使用等多种安全风险。

◎知识扩展

物联网安全是物联网服务能否大规模应用的关键，物联网的多源异构性使其安全面临巨大的挑战，就单一网络而言，互联网、移动通信网等已建立了一系列行之有效的机制和方法。相对而言，物联网的安全研究仍处于初级阶段，目前还没有提出一个完整的、通用的解决方案。目前，在物联网安全方面，研究的热点问题涉及密钥管理、安全路由、认证与访问控制、数据隐私保护、入侵检测与容错容侵以及安全策略与控制等方面。目前的研究成果距实际应用还有一定的距离。

读者可以自己搜索绿盟科技《物联网安全研究报告》内容。

7.4　物联网安全认知实践

7.4.1　实践目的

本次实践的主要目的是：

① 了解物联网安全分层架构。

② 了解物联网安全关键技术。

③ 了解物联网体系结构不同层次中的安全问题。

7.4.2　实践的参考地点及形式

本次实践可以在具备物联网实训平台、实验箱等感知设备的实训室中实施，不具备实物参观条件的可以通过 Internet 搜索引擎查询的方式进行。

7.4.3　实践内容

实践内容包括以下几个要求：

① 实物观察物联网应用系统，找出不同设备所对应物联网安全层次，并指出可能存在的安全问题。

② 利用 Internet，搜索不同安全问题或攻击引发的原因、造成的危害、解决的方法。

③ 通过查询了解物联网关键技术的概念、原理、解决的问题。尝试针对①中可能的安全问题，选取合理的安全技术。

④ 利用 RFID 技术来设想一个与之相关的物联网应用，说说在应用系统的安全性方面采取了哪些保障措施。

7.4.4　实践总结

根据实践内容要求，完成实践总结，总结中需要体现上述四个要求。

7.5　习　　题

一、选择题

1. 下列（　　）不是物联网的逻辑结构。

　　A．感知层　　　　　　　B．物理层　　　　　C．网络层　　　　　D．处理层

2. 下列（　　）不是隐私保护的方法。

　　A．位置伪装　　　　　　B．时空匿名　　　　C．数据加密　　　　D．漏洞扫描

3. 下列（　　）不是病毒检测技术中常用的匹配手段。

　　A．病毒关键字　　　　　B．病毒程序段内容　　C．病毒特征　　　　D．病毒免疫力

4. 智能手环不可能会泄露的隐私信息是（　　）。

　　A．位置　　　　　　　　B．心率　　　　　　C．体重　　　　　　D．收入

二、填空题

1. 物联网安全的特殊性体现在_____、_____、_____、_____四个方面。

2. 目前物联网应用的典型系统架构是_____架构。

3. 认证技术包括_____和_____两个方面。

4. 入侵检测技术中，异常检测方法主要有_____、_____、_____、_____等。

三、判断题

1. 轻量级密码的设计通常采用两种方式：一是对现有密码算法进行轻量化改进；二是从安全、成本、效率三个角度设计全新的轻量级密码算法。　　　　　　　　　　（　　　）

2. 入侵检测可分为误用检测和误差检测。　　　　　　　　　　　　　　　　（　　　）

3. 传统的病毒检测技术是通过基于病毒特征库匹配手段判定出特定病毒的一种技术。
　　　　　　　　　　　　　　　　　　　　　　　　　　　　　　　　　　（　　　）

4. 基于 RFID 的物联网应用存在电子标签可能被窃取、信息篡改、伪装或克隆。（　　　）

5. 云计算环境的部署过程中，往往会伴随着虚拟机的动态创建和迁移过程。虚拟机的安全措施可以不用随之自动创建和迁移。　　　　　　　　　　　　　　　　（　　　）

第**8**章

物联网应用

引言

当前，物联网技术在越来越多的行业开始应用并逐步融入各类工业生产和家居生活等应用领域中，社会对物联网应用型人才的需求也在与日俱增，这需要更多掌握不同行业需求的物联网应用的技术技能型人才，以及能够从事这些行业物联网应用系统的开发、建设、运营和维护的人才。而这些人才需要掌握完成前述章节提到的各典型工作任务需要具备的知识、技术和技能。

内容结构图

本章将主要介绍当前物联网的典型应用场景，如图8-1所示，其中，既有传统的物联网技术的应用，也有当前主流的NB-IoT窄带物联网的应用，以及工业物联网应用。有助于学习者在物联网专业的认知学习中，了解物联网应用的现状及发展趋势，明确在技术（职业）领域中所需要掌握的知识、技术和技能。

学习目标

- 通过对本章内容的学习，学生应该能够做到：
- 了解传统物联网、窄带物联网NB-IoT、工业物联网等典型应用场景及在应用中所涉及的物联网关键技术。
- 了解和设想物联网应用技术发展的未来景象。
- 学会调研和分析周边工作、生活或学习场景中的物联网应用。
- 能够构想和设计一个与自己生活相关的物联网应用。

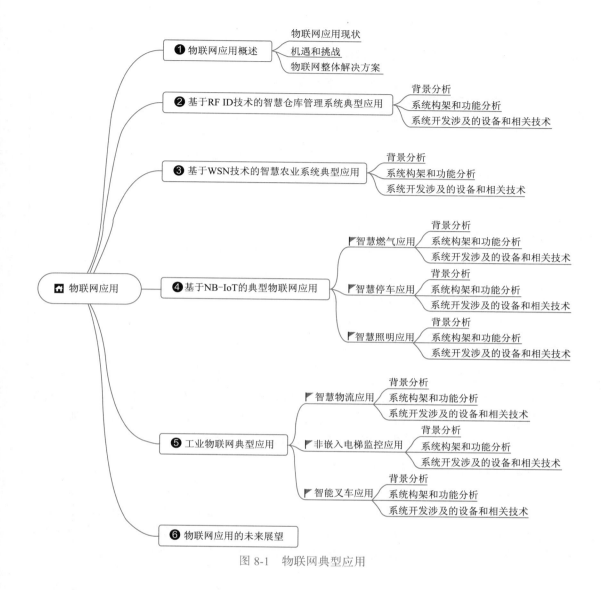

图 8-1 物联网典型应用

8.1 物联网应用概述

8.1.1 物联网应用现状

近年来，物联网越来越受到各级党和政府的高度重视，习近平主席和李克强总理多次召集发改委、工信部等部门研究推进物联网发展政策，在世界互联网大会、博鳌论坛等各个高级别会议上推动物联网行业的发展，更是在"十三五规划"中明确提出要积极推进云计算和物联网发展，推进物联网感知设施规划布局，发展物联网开发应用等，物联网已经被提高到了国家战略的高度。同时，各地方政府部门也在加紧推出物联网产业发展的规划，如 2016 年年底，苏州市政府正式推出了《苏州市物联网产业发展规划 2016—2020》，为苏州物联网行业的发展提供了详细的发展路径，为苏州物联网行业的蓬勃发展吹了一股东风。表 8-1 所示为国家和地方政府部门制定的一系列推动物联网产业发展的规划文件。

表 8-1　物联网产业规划文件时间表

时　间	部　门	文　件
2010 年	国务院	《国务院关于加快培育和发展战略性新兴产业的决定》
2011 年	工信部	《工业和信息化部 2011 年标准化重点工作》
	工信部	《物联网"十二五"发展规划》
	工信部	《物联网白皮书》
	财政部、工信部	《物联网发展专项资金管理暂行办法》
2012 年	国务院	《关于推进物联网有序健康发展的指导意见》
	工信部	《"十二五"物联网发展规划》
2013 年	发改委联合十部委	《物联网发展专项行动计划（2013—2015）》
2014 年	国务院	《十三五大力扶持健康物联网》
2015 年	国务院	《十三五规划提出推进物联网感知设施规划布局》
2016 年	苏州市政府	《苏州市物联网产业发展规划（2016—2020）》

在国家和政府政策的支持下，各种不同行业的物联网应用在不断地落地和实施，智能家居、智慧农业、智能交通、智慧医疗、智能制造、智慧城市等物联网应用逐渐步入到我们的工作和生活中，改进了人们的生活质量，提高了社会的生产效率。

8.1.2　物联网应用前景预测

根据 Ovum、GSMA、Gartner 等国外机构的预测，如图 8-2 所示，物联网应用将在智慧城市、交通、公共事业、环境、智能硬件、教育、健康、家庭以及建筑等领域迎来爆发性增长，我国工信部在《信息通信行业发展规划（2016—2020 年）》中也预计到 2020 年，物联网应用的连接数将达到 17 亿之多。由此可见，物联网的应用存在巨大的市场空间。

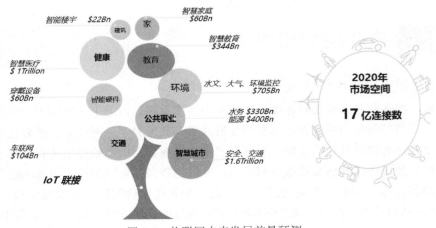

图 8-2　物联网未来发展前景预测

《信息通信行业发展规划物联网分册（2016—2020 年）》。

8.1.3 物联网整体解决方案

随着物联网应用规模的不断扩大，其整体解决方案也在逐渐向"端—管—云"的架构在转变，所谓"端"即用户终端、"管"是接入网络、"云"则代表了云计算技术。这个"端—管—云"的概念由华为率先提出，它不仅是一种网络架构，也是新的信息服务平台架构，同时也是物联网新的发展战略的体现。"端—管—云"的主要支撑要素是指业务 IT 化、网络 IP 化，这意味着运维体系将发生巨大变化，基于网元的运维将向基于业务的端到端运维转变。传统的运维合作模式逐步向网络运营外包转变。因此，运营商的运维平台必须与设备商的运维平台有效对接、联合运作，双方的运维能力都逐步向集中化、可视化发展。

目前，国内的中国电信、中国移动、中国联通三大运营商也正在与华为、爱立信等设备商进行联合对接，构建物联网的整体架构平台。图 8-3 所示为当前中国电信物联网整体解决方案的示例。

图 8-3　中国电信物联网整体解决方案

中国电信物联网连接管理平台为企业、消费者提供了"全生命周期"的物联网及连接"管理自服务"，该开放平台主要能力如下：

① 数据服务与成本管理。

② 所有连接和卡的可见、可管理物联网连接的生命周期监控和管理。

③ 支持与业务系统直接集成。

④ 灵活高效的地图定位服务。

⑤ 通过告警和通知及时发现异常。

⑥ 连接状态和数据使用的实时监控。

⑦ 后向流量池服务。

⑧ 支持企业开展 B2B2C 业务。

⑨ 实时的告警以及采取措施。

⑩ 强大的门户系统或者 API 系统。

8.2   基于 RFID 技术的智慧仓库管理系统典型应用

8.2.1   背景分析

对于传统的仓库管理，目前主要采取人工方式对库存物品进行入库、出库和查询等管理，其效率较低，方式落后，特别是对于仓库物品种类多、数量大的情况而且人力资源成本也急剧增加。其主要存在的问题如下：

- 为保证仓库物品登记和管理账面与事物一一对应准确无误，需要反复人工核对，工作强度高，工作量大，工作效率低，易产生人为失误。
- 仓库物品的安全管理主要靠人和管理制度，安全管理处于被动状态。
- 仓库物品出现异常或被移动时不能及时发现。
- 不具备仓库物品实时监控和预警管理功能。
- 仓库物品所有人不能够远程实时监控仓库物品的实时状态。

8.2.2   基于 RFID 技术的智慧仓库管理系统架构和功能分析

智慧仓库管理系统是对仓库智能化的全面管理系统，主要功能包含：

- 物品的标签制作及回收、入库及出库管理、物品查询及准确定位管理。
- 一次性制作同批、大量的物品标签，可以自动检测物品的使用期限并且向管理员提醒即将过期的物品。
- 自动清洗出库物品的标签，能够快速有效地再次使用标签，节约成本。
- 自动记录入库和出库信息，减轻人工管理操作，提高管理效率。
- 方便定位物品仓库的位置。
- 实时查询仓库的物品信息。
- 自动统计物品出入库、物品保质期过期、非法出库的物品操作。

系统的总体功能架构如图 8-4 所示。

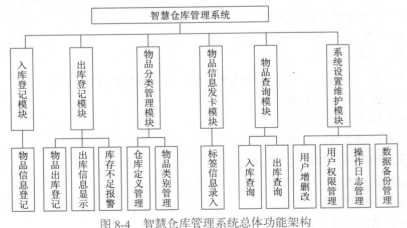

图 8-4   智慧仓库管理系统总体功能架构

8.2.3   系统开发涉及的设备和相关技术

基于 RFID 的智慧仓库管理系统硬件设备主要包括控制主机、服务器、阅读器、天线（含反馈线）、RFID 标签、手持机、Wi-Fi 组网设备等，其连接示意图如图 8-5 所示。

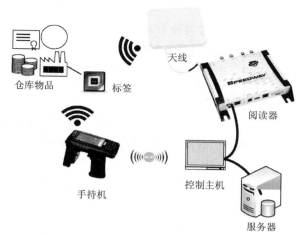

图 8-5　基于 RFID 的智慧仓库管理系统硬件设备连接示意图

完成本系统的开发，所需要涉及的相关技术包括 RFID 写入与读取技术、数据库技术、移动端程序开发技术（如 Android、IOS 等）、服务器端程序开发技术（如 C#、Java 等）。

8.3　基于 WSN 技术的智慧农业系统典型应用

8.3.1　背景分析

智慧农业物联网应用系统主要是解决农业生产中，利用物联网的感知技术来获取农作物生长环境的物理量参数，如温湿度、土壤 PH 值、光照度、CO_2 浓度、土壤养分等，并通过各种仪表仪器进行实时显示，或将其作为自动控制的参变量传送给自动控制设备，如通风、增氧、灌溉等设备，来实现对农作物的实时自动作业，为农作物生长提供一个良好的、适宜的生长环境。

农业物联网一般需要将大量的传感器节点来组建一个 WSN 传感器网络，传感器采集的信息通过节点自组网的多跳方式传递到物联网网关，并最终传送到远程的数据库服务器，通过对数据的分析、处理，来帮助农民及时了解农作物的生长信息，并准确了解问题发生的位置，由此，将农业生产从以人为中心、依赖于孤立机械的生产模式转向以信息和软件为中心的智慧化生产模式，提高生产效率。

8.3.2　智慧农业系统架构和功能分析

智慧农业系统是一个对农作物生长的智能监控与管理的作业系统，其主要功能包括以下几个方面：

- 数据多样化采集功能，如农作物生长所必需的温度、湿度、土壤水分和养分、土壤温度、CO_2 浓度等。
- 数据智能化采集功能，如手动采集、自动采集、按时段自动采集等多种方式获取农作物生长参数数据。
- 生产设备智能化控制功能，通过计算机通信技术与自动控制技术相结合，自动控制农业生产设备，如自动灌溉、自动增氧、自动通风、自动喷淋、自动卷帘等设备保障农作物的最佳生长环境。

- 环境异常报警功能，系统通过设置生长环境参数的警示阈值，如环境参数超过该值，则系统自动向相关人员报警，提醒其及时处理。

- 远程监控功能，通过 APP、平板电脑、计算机等设备远程监控农作物的生长环境。

8.3.3 系统开发涉及的设备和相关技术

基于 WSN 的智慧农业系统主要硬件设备包括温湿度、CO_2、光照、PH 值等传感器，服务器，无线网关，无线路由器，通风机、喷淋器、增氧泵、加湿器等自动控制设备，其连接示意图如图 8-6 所示。

完成本系统的开发，所需涉及的相关技术包括传感器技术、传感网组网技术、网关技术、无线局域网技术、自动控制技术、数据库技术、移动端 APP 开发技术（如 Android、IOS 等）、服务器端程序开发技术（如 B/S、CS 开发技术等）。

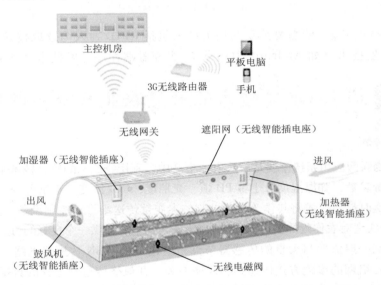

图 8-6　基于 WSN 的智慧农业系统连接示意图

8.4　基于 NB-IoT 的典型物联网应用

8.4.1　智慧燃气应用

1. 背景分析

燃气服务是当前城市的社会公共服务之一，它涉及了城市安全、人民满意以及企业自身盈利、区域能源供需平衡等诸多方面的挑战，燃气公司运营业一直存在较多的管理难题，如：

- 人工抄表，耗人力，成本高，入户难。

- 插卡式智能气表，表具故障率高。

- 传统抄表，危险泄漏无实时监控，须人工手动关闭阀门。
- 缴费难，无法线上缴费等。

但随着窄带物联网技术的不断成熟和普及，上述问题可以自然地由窄带物联网技术，如 NB-IoT 技术来解决，基于 NB-IoT 技术的智慧燃气应用具有以下优点：

- 避免人工抄表入户，提升抄表效率。
- 远程及时开启阀门，发生泄漏等危险情况及时自动关闭阀门。
- 表具自身的故障定位功能，远程感知表具状态。
- 计费更准确，更透明，提升住户满意度。
- 全网服务：提供"一点放号""一站式服务"，无省间漫游结算，特别适合于全网业务应用的行业客户。
- 灵活计费：更适合物联网的计费方式，具备生命周期(生产测试期、静默期、二次激活期)、定向和非定向、区域限制、流量池等计费模式。
- 自主服务：提供专属账号及 API 接口，客户可自主管理业务工作状态、通信状态、数据存储分析等。
- 终端管理：开放终端状态查询（开关机）、状态查询（APN/IP、QoS 信息）、终端位置查询、账户信息查询（剩余套餐流量）、系统智能提醒（流量超标提醒）等管理功能。
- 专网专用：短信、流量和大网区隔，防止恶意网络攻击。终端访问控制和流量控制，帮助企业内外网隔离。

2. 智慧燃气系统架构和功能分析

基于 NB-IoT 的智慧燃气系统架构示意图如图 8-7 所示。系统将实现远程抄表、管网监测、远程关断等主要功能。

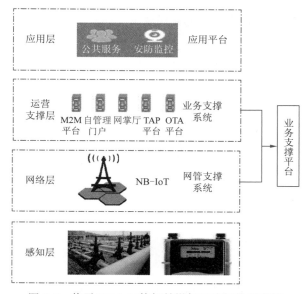

图 8-7 基于 NB-IoT 的智慧燃气系统架构示意图

3．系统开发涉及的设备和相关技术

完成本系统的开发需要涉及的主要技术包括燃气终端感知技术、模组通信技术、NB-IoT技术、IoT平台对接技术、应用程序开发技术（如C#、Java等）。

8.4.2　智慧停车应用

1．背景分析

当前，全球范围的城市化进程在不断加快，快速发展的城市也面临着各种挑战，例如，城市汽车保有量的增加带来的停车难的问题日益突出，城市的停车位不足、城市中心区域交通拥堵、城市中心空气污染严重、汽车额外能源消耗等都是现代城市急需解决的问题，如何合理利用现有社会停车场、居民小区停车位、办公车位的空置率？如何解决停车管理人员的高成本、低效率的状态？基于NB-IoT技术的智慧停车系统应用的诞生将有效地解决这些问题。它将实现让每个停车位都上网、让停车位数字化、城市实时停车地图显示、随时随地手机查询实时空车位信息、方便驾车人的同时提高停车资源利用率与效益、实现共享停车位等，从而解决城市发展过程中的痛点。

基于NB-IoT技术的智慧停车系统在解决城市停车问题时具有以下优点：

- 快速部署：
  ➢ 地磁检测器无线通信，无须网关。
  ➢ 系统组网简易，部署简便。
- 传输稳定：
  ➢ NB-IoT信号增益大；无线传输稳定可靠。
  ➢ 通信距离远。
- 规模组网：
  ➢NB-IoT覆盖范围广，地磁车检器部署局域不受局限。
- 接入标准：
  ➢ 标准统一，设备替换容易。
  ➢ 物联网扩展，容易扩展智能交通应用。

2．智慧停车系统架构和功能分析

基于NB-IoT智慧停车系统的架构可以分为五个层次，如图8-8所示，由下至上分别为终端层、基站层、核心网层、IoT平台层和APP层。其中：

- 终端层包括以下主要设备：
  ➢NB-IoT通信模组。
  ➢ 地磁车检器。
  ➢ 电子引导屏。
  ➢ 地锁。
  ➢ 道闸和摄像头一体机等。
- 基站层主要是NB-IoT的基站，它确保NB-IoT网络与以太网覆盖各停车位与闸口，其主要组成部分包括：
  ➢RPU（Radio Remote Unit，无线电遥控装置）＋天馈。

➤BBU（Base Band Unit，基带单元）。

➤ETH 以太网交换机。

• 核心网主要包含以下组成部分：

➤MME（Mobility Management Entity，网络节点）。

➤SGW（Serving GateWay，服务网关）/PGW（PDN GateWay，PDN 网关）。

➤HSS（Home Subscriber Server，归属签约用户服务器）等。

• IOT 平台是对接南北向应用的一个数据存储和转发的中间云平台。

• APP 是停车系统与用户的接口，主要包括：

➤ 用户智能手机。

➤ 停车应用平台服务器等。

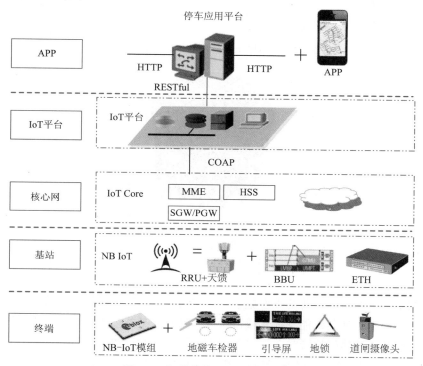

图 8-8　智慧停车系统架构示意图

3．系统开发涉及的设备和相关技术

本系统的硬件设备连接示意图如图 8-9 所示，主要硬件包括 NB 地磁检测器（如图 8-10 所示）、用户智能手机、收费员手持收费终端机、NB 基站、联网云平台和数据管理监控中心等。完成本系统的软件开发所涉及的技术包括地磁终端感知技术、模组通信技术、NB-IoT 技术、IoT 平台对接技术、移动终端应用程序开发技术（Android、IOS 等）、应用程序开发技术（如C#、Java 等）、大数据分析技术。

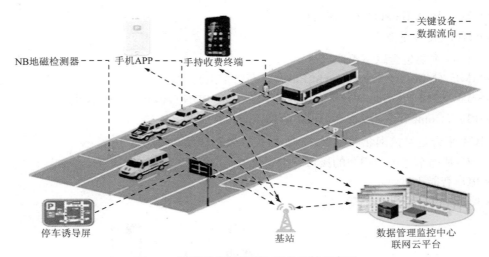

图 8-9　智慧停车系统硬件设备连接示意图

图 8-10　地磁检测器

8.4.3　智慧照明应用

1. 背景分析

路灯照明是一个城市的公共基础设施之一，它为人们的出行提供照明服务，但是如何合理地使用路灯照明系统，使其既能发挥其城市服务的功能，又能节省宝贵的电力能源，并实现智能化的运营管理是当前热门的研究课题。"智慧照明"是"智慧城市"建设中的一个组成部分之一，采用基于 NB-IoT 的技术的智慧路灯照明系统可以智能、合理地运营城市道路照明体系，它可以通过系统内的每一盏路灯的管控、调光以及监测，有效地节省运维成本，增加经济效率，提高城市道路照明的管理效率，满足城市设施的智能化，以及治理精细化的需求。

基于 NB-IoT 技术的智慧照明应用具有以下优势：

• 智能化照明控制方式：

➢ 单灯远程控制。

➢ 连续调光功能。

➢ 照明非高峰时段灯光亮度调节，降低道路照明能耗。

➢ 实时采集道路运行数据信息并进行智能分析。

➢ 可实现远程故障分析定位，提高维护人员排查、清障的效率，节省维护成本。

➢ 为其他需要功能的设备（如微基站、摄像头、Wi-Fi 模块、环境监测模块等）提供支持。

- 端到端的安全管理：
  - ➤ 电信运营商基于授权频谱组建的 NB-IoT 网络，其抗干扰能力、数据安全性、技术服务等方面都能有较高的安全性保障。
  - ➤ 广域低功耗 NB-IoT 技术具备广覆盖、大连接、高可靠等优势，可满足城市路灯部署范围广、杆体数量多、数据可靠性要求高的需求。
  - ➤ 统一的 IoT 平台，解决了不同终端厂商协议的兼容性问题，满足单灯控制器介入的便捷性要求。

2．智慧照明系统架构和功能分析

基于 NB-IoT 技术的智慧照明系统的功能实现包括路灯故障检测、路灯开关状态远程设置、GIS 地图位置查看、路灯亮度调节、路灯分组管理、系统报表等，并且可以有环境检测、噪声监测、气候数据采集等辅助功能。其功能架构可以分为感知层、传输层、平台层和应用层，如图 8-11 所示。

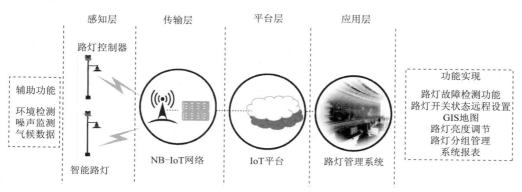

图 8-11　智慧照明系统架构示意图

- 感知层：主要集成了 NB-IoT 模组的单灯控制器装置，用以控制每盏路灯的开关以及路灯信息的采集，并通过 NB-IoT 模组与无线网络通信。
- 传输层：主要采用 NB-IoT 广域网通信技术，授权无线频谱资源以及电信级端到端的安全技术，保障数据安全和接入安全。
- 平台层：具有丰富的协议适配能力，支持海量多样化终端设备接入，基于统一规约和接口，实现不同终端和应用平台的统一接入和管理。
- 应用层：主要是智慧照明的路灯管理系统，管理者可以远程进行路灯的控制、数据的查询，还可以在移动端进行随时随地的路灯状态监控和管理操控。

3．系统开发涉及的设备和相关技术

智慧照明系统的主要设备之一是路灯的单灯控制器的底层感知设备，如图 8-12 所示，用来采集路灯运行状态数据，并传送给远端的管理平台，还可以接受来自管理平台的各种操作指令。该控制器的组成主要包括各类传感器、功率检测模块、单片机微处理器、NB-IoT 通信模组以及驱动电源模块等组成。

图 8-12　NB-IoT 单灯控制器

此外，NB-IoT 通信网络、IoT 平台、智慧照明管理系统都是系统的关键技术。

8.5 工业物联网典型应用

8.5.1 智慧物流应用

1. 背景分析

近些年来，随着我国电商行业的飞速发展，智慧物流已经成为业界关注的焦点。不管是电商巨头阿里、京东，还是快递龙头顺丰速递，都开始大力发展智慧物流。

智慧物流系统需要实时获取物流车辆、货物、人员、路线、站点等数据，快速提供智慧物流相关业务，协助物流公司或相关从业人员、货主、收货方、政府监管部门等解决物流行业中实物流和信息流的高效管理。

货物进入运输或仓储环境，其位置、安全等货物信息对于相关企业是刚性需求，例如在冷链全程温控中存在多个温控节点，越接近消费终端的节点越处于失控状态，为保证信息不断裂，需全程实时监控或者做出有效预警，否则由于无据可循，导致责任不清，难以处理。

基于 NB-IoT 技术的智慧物流应用从技术上可提供 7×24 小时监控，硬件设计适用于多元场景，防拆卸防作弊。云端完成定时上报周期和报警参数阈值设置。可外置天线，加强信号稳定。同时支持外接电源或自身电池，确保数据持续采集和传输。

2. 智慧物流系统架构和功能分析

基于 NB-IoT 技术的智慧物流系统可以分为终端、网络、平台和应用四个层次，如图 8-13 所示。

- 终端层：通过内置 NB-IoT 模组，将电子锁、温湿度传感器、货物追踪定位仪、配送手持终端等设备快速介入运营商或企业自建的通信网络，并迅速接入 IoT 联接管理平台，提供智慧物流所需的车、货、人的基本信息，如位置、货物信息、人员信息、订单信息、路线站点、温湿度传感器采集的数据等。
- 网络层：通过 NB-IoT 广域网通信技术实现终端的接入和数据传输。
- 平台层：具有丰富的协议适配能力，支持海量多样化终端设备接入，基于统一规约和接口，实现不同终端和应用平台的统一接入和管理。
- 应用层：基于 IoT 联接管理平台获取物流车辆、货物、人员、站点、路线等数据，快速开发智慧物流相关业务，并根据业务场景需要，为物流公司或从业人员、货主、收货人、政府监管部门等提供相应信息。主要业务包括 TMS（运输管理系统）、WMS（仓库管理系统）、CRM（客户关系管理）、ERP（企业资源计划）、车队管理等。

3. 系统开发涉及的设备和相关技术

基于 NB-IoT 技术的智慧物流系统集成了多种传感技术的智能硬件，包括电子锁、温湿度传感器、货物追踪定位设备、智能终端配送手机等。

此外，系统还需要 NB-IoT 的广域通信网络技术、IoT 联接管理平台技术，以及物流行业相关的应用管理系统开发的相关技术、智能物流终端应用程序开发技术、大数据分析技术等。

图 8-13 所示为智慧物流系统架构示意图。

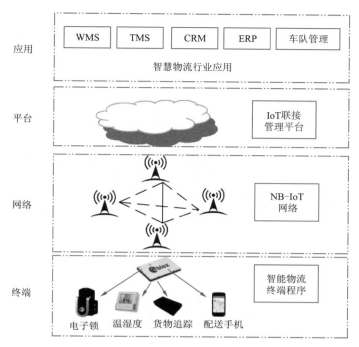

图 8-13　智慧物流系统架构示意图

8.5.2　非嵌入式电梯监控应用

1. 背景分析

随着城市化进程的不断加快以及人们对便捷生活要求的提高，电梯有了越来越广泛的使用。但近年来，传统电梯的安全出现较多的问题，电梯故障的频繁发生，导致人心惶惶。但是，电梯的维保经费较高、电梯维保效率低下、困人救援缓慢的问题制约着电梯行业的快速发展。

在工业物联网技术逐渐成熟的背景下，通过物联网技术来解决上述问题。依据客户的市场容量，以及需求迫切性，政府监管部门、电梯运营企业以及电信运营商也开始重点关注以下 3 个切入点，如图 8-14 所示。

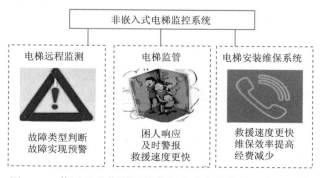

图 8-14　基于工业物联网的非嵌入式电梯监控系统切入点

- 电梯远程监测：通过物联网通信单元，实现实时采集电梯运行参数、采集摄像头等信息。实现安全预警，第一时间采取应急措施。

- 电梯监管：和政府质监局的业务平台作对接，实现政府更有效率的监管。
- 电梯安装维保系统：改变传统的电话、手工操作方式，管理流程电子化，远程派单，提升服务效率。

2．非嵌入式电梯监控系统架构和功能分析

非嵌入式电梯监控系统也可以分为终端、网络、平台和应用的四层架构，如图 8-15 所示。其每个层次的功能与智慧物流应用系统类似，此处不再赘述。

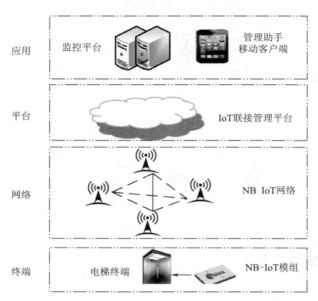

图 8-15　非嵌入式电梯监控系统架构示意图

3．系统开发涉及的设备和相关技术

本系统主要的硬件设备为非嵌入式的电梯终端设备，用来实时采集电梯的运行状态数据，并传送给远端的管理平台。

此外，系统还需要 NB-IoT 的广域通信网络技术、IoT 联接管理平台技术，以及电梯行业相关应用管理系统的开发技术及移动客户端智能管理软件开发技术、大数据分析技术等。

8.5.3　智能叉车应用

1．背景分析

随着物流业的快速发展，物流设备在其发展过程中的地位也越来越明显，叉车应用的普及率也逐渐在上升。叉车在物流的仓储系统中扮演着不可或缺的角色，仓储物品的搬运离不开叉车的应用。

当前大规模物流仓储系统中，叉车的管理存在以下几个难点：车队规模大、使用成本高、数据管理困难、安全风险高、绩效评价难、仓库点分散等。这需要引入新的技术来解决这些问题，降低成本，提高管理效率，提升安全性。

基于 NB-IoT 技术的智能叉车系统应用将针对上述问题提出了相应的解决方案，如表 8-2 所示。

表 8-2　基于 NB-IoT 技术的智能叉车系统解决方案

问　题	规模	成本	风险	绩效	数据	分散
解决方案	统计利用率 完善调度体系 把控总体状况	费用实时化 数据可视化 成本可控化	操作员合格性检验 叉车检查情况录入 碰撞监控、行人保护	准确了解开机时间及作业时间	自动采集 生产报表 异常提醒	协同管理 共享信息

2．智能叉车系统架构和功能分析

智能叉车系统的主要功能设计如下：

- 叉车状态监控功能：通过将设备状态定义为工作、待机及关机三个形式来清晰地了解整体设备利用率。其中，"工作"是指车辆处于作业状态的时间，"待机"是指车辆通电开机，但车辆处于静止状态，"关机"是指车辆处于启动电源断开的状态。
- 状态数据采集功能：系统记录设备维修保养的时间，可以快速查询某一时段、某台车辆的维修时间。记录某辆车何时、何因维修，更换哪些零部件，花费多少费用，以及维修单位维修人员信息等。
- 驾驶员操作员管理功能：设置授权体系，强制点检，进行碰撞监控、电池监控。
- 行人保护功能：操作员佩戴专用的电子卡，当车辆与行人接近时，会主动发出警报。

3．系统开发涉及的设备和相关技术

本系统主要的应用设备涉及叉车的电源状态感知设备、RFID 电子卡设备等，如图 8-16 所示，此外，还需要使用 NB-IoT 的广域网络、IoT 联接管理平台、叉车应用管理平台等相关技术，以便管理者通过 PC 或智能手机便捷地获得实时数据，从而科学决策。

图 8-16　智能叉车管理系统

8.6　物联网应用的未来展望

物联网是继计算机、互联网之后世界信息产业发展的第三次浪潮，当我们环顾四周，会发现已经有很多物联网的应用出现在我们的身边，小到各种智能穿戴设备、共享单车，大到无人驾驶汽车、智能工厂和楼宇，物联网能让一切事物互联并让其具备智慧，人类也正在迈进万物互联（Internet of Everything，IoE）新时代。智能化也将是当前的时代潮流和产业发展方向。物联网发展展望如图 8-17 所示。

目前，信息技术等广泛渗透到几乎所有领域，带动了以绿色、智能、泛在为特征的群体性重大技术变革；大数据、云计算、移动互联网等新一代信息技术同机器人和智能制造技术相互融合的步伐加快。社会生产和消费从工业化向自动化、智能化转变，社会生产力将再次提高。

随着物联网连接的对象与颗粒进一步拓展，必将加速催生众多新场景以及新业态，预计到 2020 年，全球将有 500 亿台联接设备，如图 8-18 所示，万物互联的图景将进一步展现。

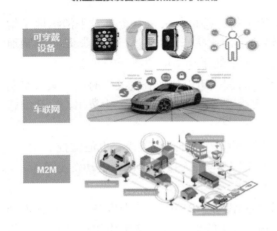

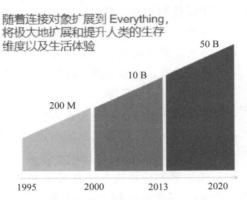

图 8-17　物联网发展展望　　　　　　图 8-18　物联网发展新场景以及新业态

在技术上，物联网的发展也存在着多种选择，如表 8-3 所示，应用于不同的物联网场景。

表 8-3　物联网不同场景的技术选择

通信场景	移动通信 （2G/3G/4G/5G Cellular）	LPWA （Low Power Wide Area，低功耗广域）	WLAN/PAN （Personal Area Networks，个人区域网）
IoT 技术	2G/3G/4G/5G networks LTE-M and NB-IoT	LoRa、Wi-SUN、Proprietary and semi-FPS、Sigfox Weightless Satellite technologies…	Wi-Fi、Bluetooth、ZigBee、Thread、Wireless Hart、Z-Wave

LTE 网络向 IoT/ 物联网演进的两个子方向如图 8-19 所示，即低成本、低耗能的 Massive MTC 方向和低延时、高可靠的 Critical MTC 方向。它们都适用于不同的业务场景。

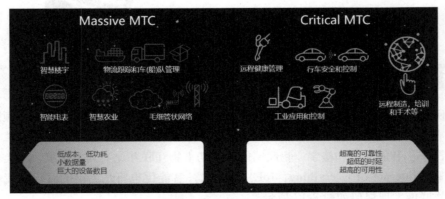

图 8-19　LTE 网络向 IoT/ 物联网演进的两个子方向

8.7　物联网典型应用认知实践

8.7.1　实践目的

本次实践的主要目的是：

① 了解当前不同垂直行业对物联网技术的应用需求。

② 了解现有物联网行业应用的特点。

③ 分析不同行业物联网应用的技术特点。

④ 熟悉典型的物联网行业应用方案的实施流程。

⑤ 了解不同物联网行业所需的物联网关键技术。

⑥ 能简单设计和规划一个小的物联网应用方案。

8.7.2　实践的参考地点及形式

实践的参考地点可以在具备物联网典型应用实训沙盘的实验室，或在具备智慧校园环境的校内实训基地，或在从事物联网系统集成的校外实训基地，或在物联网虚拟仿真实训平台中，也可以通过互联网查阅相关物联网典型应用的案例来进行认知。

8.7.3　实践内容

① 根据学校的实训条件、自己的兴趣来选择一个或多个想进行认知实践的物联网典型应用案例。

② 分析该应用主要解决什么样的行业痛点、工作或生活需求。

③ 列举在这些典型应用中所使用的物联网关键技术有哪些，并说明这些技术的主要特点。分析为何采用该技术，是否可以采用其他技术来进行取代。

④ 设想一下，如果让你去负责该应用的系统开发或项目实施，请给出相关解决方案。

⑤ 通过观察和想象，你觉得身边还有哪些需求可以通过物联网技术来解决？可以给出 1 ～ 2 个案例。

8.7.4　实践总结

根据上述实践内容要求，通过观察、调研、资料搜集和整理来完成物联网综合典型案例的认知实践，并完成实践报告。

8.8　习　题

一、选择题

1. 随着物联网应用规模的不断扩大,其整体解决方案也在逐渐向（　　）的架构在转变。

　　A. "端—端"　　　　B. "端—管—云"　　　C. "泛在网"　　　D. "云—端"

2. （　　）不是基于 RFID 仓库管理的特点。

　　A. 自动化　　　　　B. 高效化　　　　　　C. 智能化　　　　　D. 安全化

3. （　　）不属于基于 NB-IoT 技术的智慧燃气应用的优点。

　　A. 可远程抄表　　　B. 故障自动恢复　　　C. 计费更准确　　　D. 全网服务

4. NB-IoT 的基站，它确保 NB-IoT 网络与以太网覆盖各停车位与闸口，其主要组成部分不包括（   ）。

    A. PRU+ 天馈   B. BBU   C. Eth 以太网交换机   D. 网关

5. （   ）通过物联网通信单元，实现实时采集电梯运行参数、采集摄像头等信息。

    A. 电梯远程监测   B. 电梯监管   C. 电梯安装维保系统   D. 电梯被困救援

二、填空题

1. 在我国"十三五规划"中明确提出要积极推进_____和_____发展，推进_____设施规划布局，发展物联网开环应用等。

2. 获取农作物生长环境的物理量参数，主要有_____、土壤 PH 值、_____、_____、土壤养分等。

3. "智慧照明"是"_____"建设中的一个组成部分。

4. 智慧照明系统的主要设备之一是路灯的_____的底层感知设备，用来采集路灯运行状态数据，并传送给远端的_____，还可以接受来自管理平台的各种操作指令。

5. 基于 NB-IoT 技术的智慧物流系统可以分为_____、网络、平台和_____四个层次。

三、判断题

1. 中国电信物联网连接管理平台为企业、消费者提供了"全生命周期"的物联网及连接"管理自服务"。   （   ）

2. 智慧农业物联网应用系统主要解决的是农业生产效率低下的问题。   （   ）

3. 智慧仓库管理中，RFID 标签被清洗之后将不能再重复使用。   （   ）

4. 基于 NB-IoT 技术的智慧停车系统能实现让每个停车位都上网。   （   ）

5. 地磁检测器利用无线网进行通信，无须网关。   （   ）

部分习题参考答案

第2章 物联网初识

一、选择题

1．B　　2．A　　3．C　4．A　4．D　5．B

二、填空题

1．全面感知　　可靠传递　　智能处理

2．802.15.4

3．Narrow Band Internet of Things　　窄带物联网

4．传感器　　无线射频装置　　对物体的控制

5．接口　　数据模型

三、判断题

1．√　2．√　3．√　4．×（解析：2005年，书本2.1小结有介绍）　5．×（解析：ITU是国际标准化组织，书本2.5小结有介绍）

第3章 物联网感知技术

一、选择题

1．A　2．C　　3．D　4．D　5．D　6．D　7．B　8．D　9．B　10．A

二、填空题

1．计算机技术　　　　通信技术

2．稳定　　　　灵敏度

3．角加速度计　　　　线加速度计

4．条　　　　空

5．非接触式　　　　射频信号

三、判断题

1．×　2．√　3．√　4．√　5．×

第4章 物联网通信技术

一、选择题

1．A　　2．A　　3．C　　4．B　　5．D

二、填空题

1．TD-LTE　　　　　　FDD-LTE

2．868 MHz　　　　　915 MHz　　　　　　250 kbit/s

3．无线个域网（WPAN）　无线局域网（WLAN）　无线广域网

4．有中心拓扑　　　　无中心拓扑

5．GSM　　　　　　　蜂窝

三、判断题

1．√　　2．√　　3．×　　4．×　　5．√

第5章 嵌入式系统技术

一、选择题

1．B　　2．B　　　3．A　4．C　5．A　6．B　7．A　8．C　9．B　10．B

二、填空题

1．硬件层　　　　　　中间层

2．OEM 层　　　　　操作系统层

3．QT 基本模块　　　QT 扩展模块

4．QT 帮助系统　　　QT 设计器

5．核心服务层　　　　可触摸层

三、判断题

1．×　　2．√　　3．√　4．√　5．×

第6章 物联网数据处理技术

一、选择题

1．C　　2．D　　　3．A　4．B　5．B　6．D　7．B　8．C　9．D　10．C

二、填空题

1．DAS　　　　　　NAS　　　　　　SAN　　　　　　OBS

2．支撑系统　　　　计算设备　　　　业务信息系统

3．计算机硬件　　　网络

4．私有云计算　　　公有云计算　　　混合云计算

5．基础设施即服务（IaaS）平台即服务（PaaS）　软件即服务（SaaS）

6. 监督式学习　　　　无监督式学习　　　　半监督式学习　　　　强化学习
7. 自然语言处理系统 (LS)　　　　问题处理系统（PSS）

三、判断题
1. ×　2. ✓　3. ×　4. ✓　5. ×　6. ✓　7. ×

第7章　物联网安全技术

一、选择题
1. B　2. D　3. D　4. D　4. D

二、填空题
1. 分层模型　　　　电磁干扰　　　　资源受限　　　　网络异构
2. 海—网—云
3. 身份认证　　　　消息认证
4. 统计分析法　　　　神经网络法　　　　生物免疫法　　　　机器学习法

三、判断题
1. ✓　2. ×　3. ✓　4. ✓　5. ×

第8章　物联网应用

一、选择题
1. B　2. D　3. B　4. D　5. A

二、填空题
1. 云计算　　　　物联网　　　　物联网感知
2. 温湿度　　　　光照度　　　　CO_2浓度
3. 智慧城市
4. 单灯控制器　　　　管理平台
5. 终端　　　　应用

三、判断题
1. ✓　2. ×　3. ×　4. ✓　5. ✓

参 考 文 献

[1]   刘文懋 . 物联网感知环境安全机制的关键技术研究 [D]. 哈尔滨：哈尔滨工业大学 ,2013.

[2]   张俊松 . 物联网环境下的安全与隐私保护关键问题研究 [D]. 北京：北京邮电大学 ,2014.

[3]   王延炯 . 物联网若干安全问题研究与应用 [D]. 北京：北京邮电大学 ,2011.

[4]   杨庚 , 许建 , 陈伟 , 等 . 物联网安全特征与关键技术 [J]. 南京邮电大学学报：自然科学版 ，2010, 30(4):20-29.

[5]   武传坤 . 物联网安全关键技术与挑战 [J]. 密码学报 ,2015,2(1):40-53.

[6]   薛凯 . 云计算安全问题的研究 [D]. 青岛：青岛科技大学 ,2011.

[7]   赵志飞 . 无线局域网安全技术研究 [D]. 西安：西安电子科技大学 ,2005.

[8]   张义同 . 基于 RFID 的物联网安全研究与模型设计 [D]. 济南：山东大学 ,2014.

[9]   陈刚 , 关楠 , 吕鸣松 , 等 . 实多核嵌入式系统研究综述 [J]. 软件学报 ,2018,29(7):2152-2176.

[10]   王福刚 , 杨文君 , 葛良全 . 嵌入式系统的发展与展望 [J]. 计算机测量与控制 ,2014 ，22(12):3843-3847.

[11]   何立民 . 嵌入式系统的定义与发展历史 [J]. 单片机与嵌入式系统应用 ,2004(01):6-8.

[12]   蔡自兴 . 人工智能及其应用 [M]. 5 版 . 北京：清华大学出版社 ,2016.

[13]   曾晓宏 , 易国键 . 自动识别技术与应用 [M]. 北京：高等教育出版社 ,2014.

[14]   武志学 . 云计算导论：概念、架构与应用 [M]. 北京：人民邮电出版社 ,2016.

[15]   王鹏 , 李俊杰 , 谢志明 , 等 . 云计算和大数据技术概念、应用与实战 [M]. 北京：人民邮电出版社 ,2016.

[16]   张成海 , 张铎 . 条码技术与应用 [M]. 2 版 . 北京：清华大学出版社 ,2018.

[17]   沈苏彬 , 范曲立 , 宗平 , 等 . 物联网的体系结构与相关技术研究 [J]. 南京邮电大学学报：自然科学版，2009，29（6）：1-11.

[18]   孙其博 , 刘杰 , 范春晓 , 等 . 物联网：概念、架构与关键技术研究综述 [J]. 北京邮电大学学报，2010，33（3）：1-9.

[19]   刘强 , 崔莉 , 陈海明 . 物联网关键技术与应用 [J]. 计算机科学，2010，37（6）：1-10.

[20]   孙利民 , 沈杰 , 朱红松 . 从云计算到海计算：论物联网的体系结构 [J]. 中兴通讯技术，2011，17（1）：3-7.

[21]   强世锦 . 物联网技术导论 [M]. 北京：机械工业出版社，2017.